Matemàtiques

Primària / Cicle mitjà 4t

Assessorament pedagògic
Elvira Figueras

Autoria
Beatriu Cruset
Francesc Xavier Fernández

cruïlla

Com pots activar la llicència digital?

1. Escriu a Internet l'adreça següent: construim.cruilladigital.cat
2. Registra't. Recorda que només cal fer-ho una vegada, així que anota el teu Usuari i Contrasenya.
3. Introdueix el número de la teva llicència, que trobaràs en obrir el teu llibre.
4. Tot a punt, ja hi pots entrar!

La llicència és exclusiva per a aquest llibre i l'has d'introduir una única vegada.

PRESENTACIÓ

El projecte **CONSTRUÏM** tracta les **competències** des de múltiples vessants per desenvolupar de manera harmònica les capacitats cognitives dels alumnes.

En l'àrea de matemàtiques, es parteix de contextos propers i habituals que comporten aspectes quantitatius, espacials, mètrics, estadístics i probabilístics i que afavoreixen el plantejament de situacions en què els alumnes han de posar en joc les seves competències: pensar i raonar matemàticament, plantejar i resoldre problemes, fer estimacions i utilitzar de manera adequada la tecnologia.

El projecte busca que els nois i noies construeixin la noció de quantitat i comprenguin profundament el significat de les operacions; reconeguin i analitzin la geometria de l'entorn i també els seus aspectes mètrics; adquireixin eines per comprendre les informacions que els arriben dels mitjans de comunicació; i es capacitin per resoldre problemes de la vida real tant de manera individual com treballant cooperativament.

És important que els alumnes s'adonin del que estan treballant en cada moment, del que saben i del que estan aprenent. Per això s'inicia cada unitat amb una revisió del que saben i s'acaba amb una autoavaluació per potenciar l'**esperit crític** i l'**autoexigència**, i per afavorir la satisfacció pels propis avenços.

El material de matemàtiques està constituït per tres grans elements: el **llibre de l'alumne**, el **quadern Supercompetents** i la **pàgina web** associada al llibre. Creiem que així es pot donar satisfacció de manera integrada a les necessitats d'aprenentatge de l'alumnat.

W Recursos digitals construim.cruilladigital.cat

Q Referències al quadern Supercompetents...

Activitats amb material de suport a la guia didàctica

Autoavaluació

ÍNDEX

COM ÉS EL MATERIAL?

El llibre

El llibre de l'alumne es divideix en 9 unitats repartides en tres trimestres. Cada unitat té la mateixa estructura. Al final de cada trimestre es proposa un projecte trimestral.

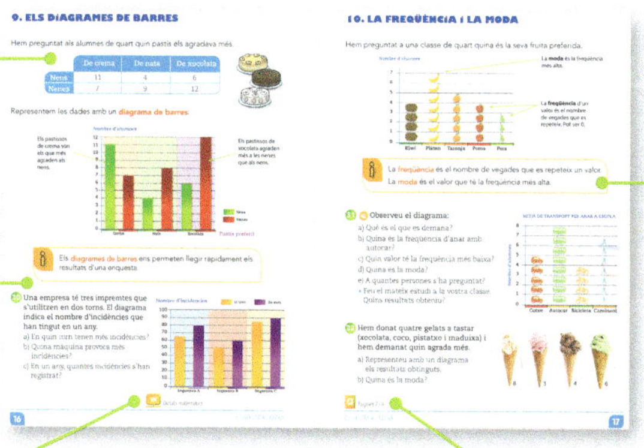

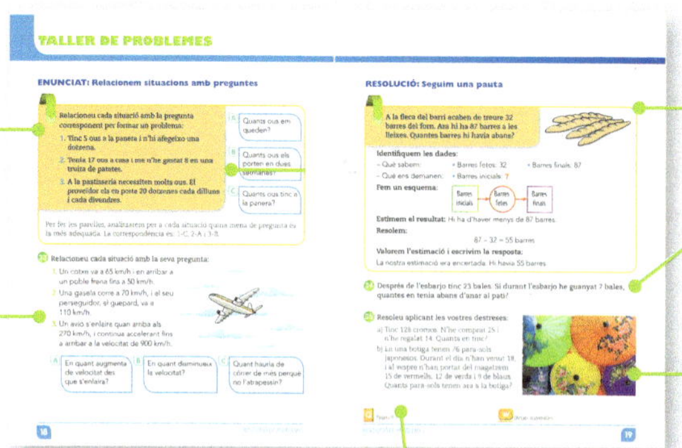

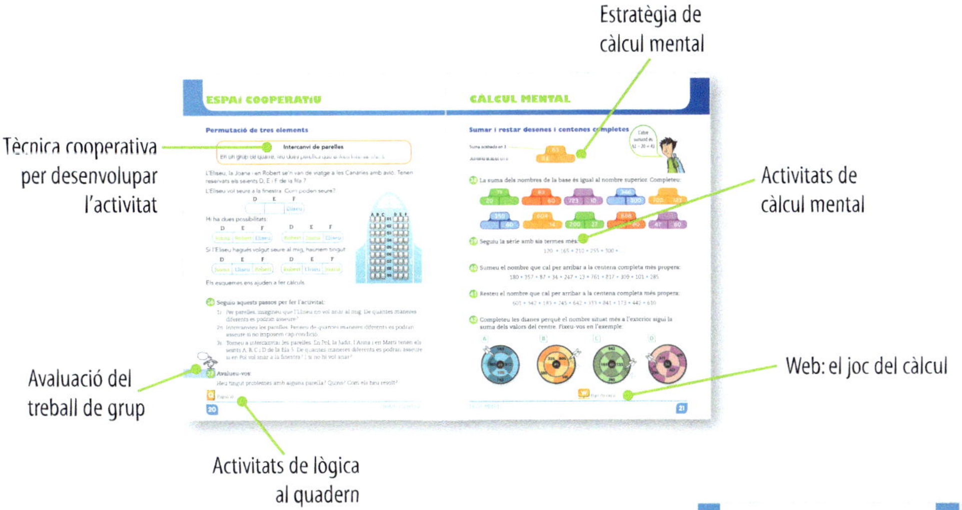

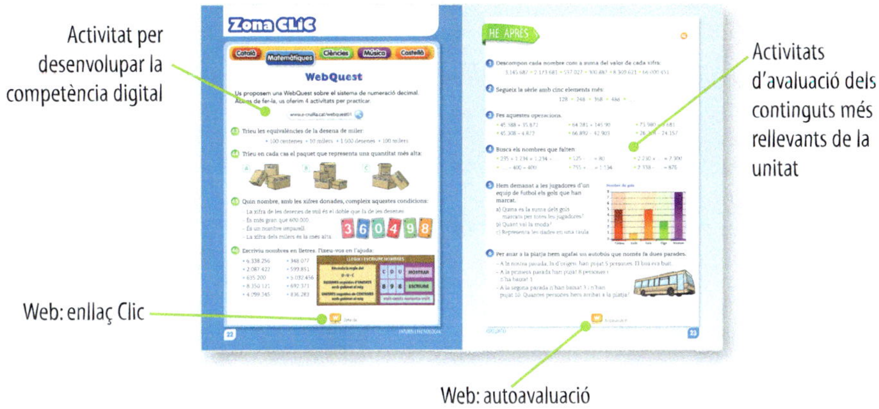

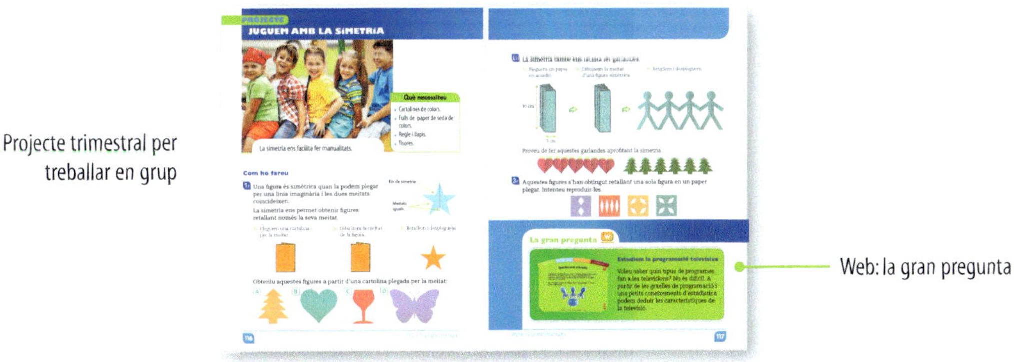

El quadern Supercompetents...

Pensat per treballar-lo simultàniament amb el llibre de l'alumne. Es proposen activitats competencials que permeten a l'alumne integrar els coneixements adquirits i aplicar-los a situacions de la vida real. En el llibre s'indica el moment idoni per fer les activitats del quadern. Es proposen així mateix problemes per resoldre mentalment i dictats d'operacions. Al final del quadern es proporcionen unes graelles per anotar les respostes.

El web construim.cruilladigital.cat

Web amb recursos digitals per a l'alumne. Hi trobarà, entre altres coses, aplicatius per resoldre problemes mentalment, per fer dictats d'operacions i per realitzar activitats de càlcul mental. El càlcul mental es planteja en forma de joc. En el llibre s'indica també el moment adequat per dur a terme aquestes activitats.

1 SUMEM i RESTEM

El sistema de numeració. Estadística

Viatge virtual

QUÈ EN SABEM

1 Aquestes són les boles amb què es componen els nombres de la Grossa de Cap d'Any. Cada bola correspon a una xifra d'un nombre:

a) Quants nombres podem fer amb 2 boles diferents? I amb 4?

b) Quin és el nombre de 5 xifres més gran que podem fer?

2 Quina diferència hi ha entre les boles del billar i les boles de la Grossa?

EXPLOREM

3 La població de la Unió Europea el 2013 era de 499.747.211 persones. El diagrama mostra les dades dels sis països més grans.

Ordeneu-los de més a menys poblats i indiqueu-ne aproximadament el nombre d'habitants. Quant suma la població d'aquests 6 països?

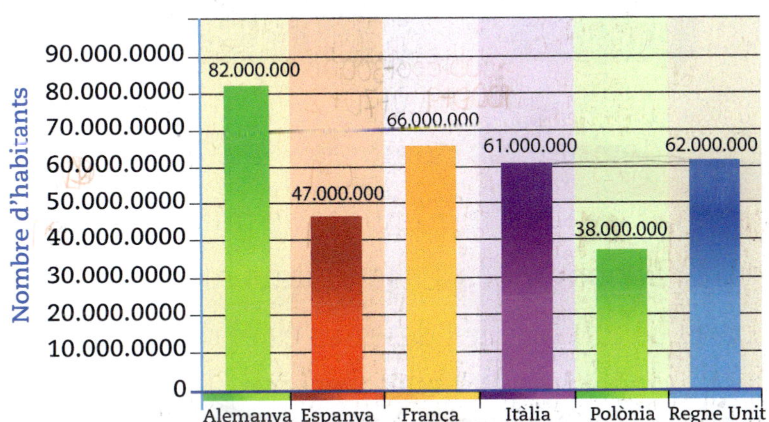

1. UNITATS D'ORDRE

En un comptaquilòmetres de cotxe podem formar nombres de 6 xifres:

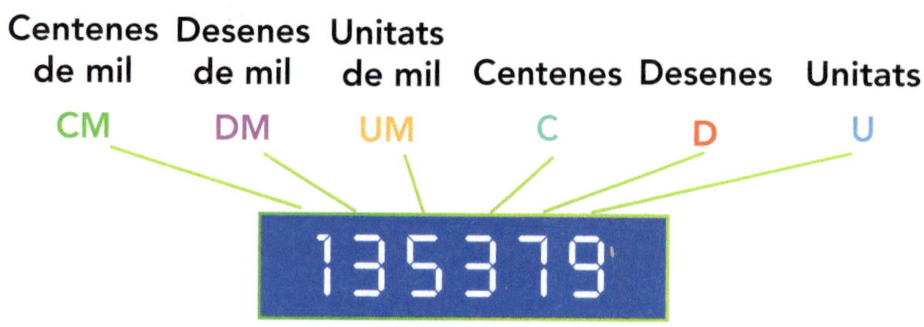

Deu unitats d'un ordre formen una unitat de l'ordre superior:

135379 → +1 km → 135380	135399 → +1 km → 135400	135999 → +1 km → 136000
10 U = 1 D	10 D = 1 C	10 C = 1 UM

> El **valor d'una xifra** d'un nombre depèn del **lloc que ocupa**.

4 Quina xifra correspon a les unitats de mil de cada nombre?

3.201 • 18.367 • 405 • 4.005 • 6.508 • 136.439 • 92.002 • 76.543

5 Quants quilòmetres caldrà recórrer perquè els comptaquilòmetres acabin en 00? I en 000?

012395 037401 026584 151643

6 Endevineu els nombres:

a) El nombre té 7 unitats de mil, 3 centenes i 4 desenes.

b) El nombre és 1.444 unitats més gran que 12.489.

c) La xifra de les desenes és el doble que la de les unitats. La de les centenes, el doble que la de les desenes. Té dues unitats.

7 Inventeu-vos una activitat numèrica com l'anterior.

2. ELS MILIONS

El 2013 Catalunya tenia 7.438.696 habitants.

MM		CM	DM	UM		C	D	U
7		4	3	8		6	9	6
Set milions		quatre-cents trenta-vuit				sis-cents noranta-sis		

Escrivim un guionet:
– Per **formar les centenes**: dos-cents, set cents...
– Per **separar les unitats de les desenes**: trenta-dos, vuitanta-sis.

8 Ordeneu els nombres següents de més petit a més gran:

37.003.503 • 12.684.312 • 12.648.312 • 5.813.014 • 67.000.000 • 2.103.107

9 Escriviu amb xifres els nombres següents:

- Dos-cents trenta-quatre mil cent vuitanta-nou.
- Cinc milions tres-cents seixanta-set mil.
- Dotze milions cent trenta-dos.
- Vuit milions catorze mil.

10 Quin nombre falta en cada cas per obtenir un milió?

- 960.000 + ...
- 700.000 + ...
- 825.000 + ...
- 1.500.000 – ......
- 250.000 × ......
- 5 × ......

11 Escriviu amb lletres les poblacions d'aquestes ciutats:

3. DESCOMPOSICIÓ DELS NOMBRES

El nombre de visitants al Museu Dalí el 2013 va ser d'1.580.517. Cada xifra d'aquest nombre té un valor:

1.000.000 80.000 500 7

1 . 5 8 0 . 5 1 7

500.000 0 ×1.000 10

Expressat per ordre d'unitats, tenim:

1 MM 5 CM 8 DM 0 UM 5 C 1 D 7 U

Podem expressar aquest nombre com a suma del valor de cada xifra:

1.580.517 = 1.000.000 + 500.000 + 80.000 + 500 + 10 + 7

12 De quin nombre es tracta?

- 8.000.000 + 200.000 + 30.000 + 5.000 + 600 + 60 + 7 8.235.667
- 4.000.000 + 500.000 + 6.000 + 6 4.506.006
- 5 MM + 4 CM + 3 DM + 1 UM + 5 C + 8 D + 9 U 5.431.589
- 7 MM + 6 DM + 5 UM + 4 C + 5 U
7.065.405

13 Descomponeu cada nombre de dues maneres:

- 65.315
- 4.321.972
- 348.119
- 3.028.304

14 Digueu quant val la xifra 7 a cada nombre:

- 370.052 DM
- 768.427 CM
- 5.784 D
- 75.207.430 MM
- 7.638.412 MM
- 1.227.014 UM
- 36.584.170 D
- 570.072 UM

15 Ordeneu els nombres següents de més petit a més gran:

3.104.555 (5) • 3.014.555 (2) • 3.104.545 (3) • 3.104.554 (4) • 3.014.065 (1)

Q Pàgines 3 i 4

W Dictats matemàtics

4. L'ARRODONIMENT

Aquests són els turistes que van arribar de Suïssa i Itàlia a Catalunya el 2013:

Arrodonim aquests nombres a les **centenes de mil**. Ho podem fer sobre la recta:

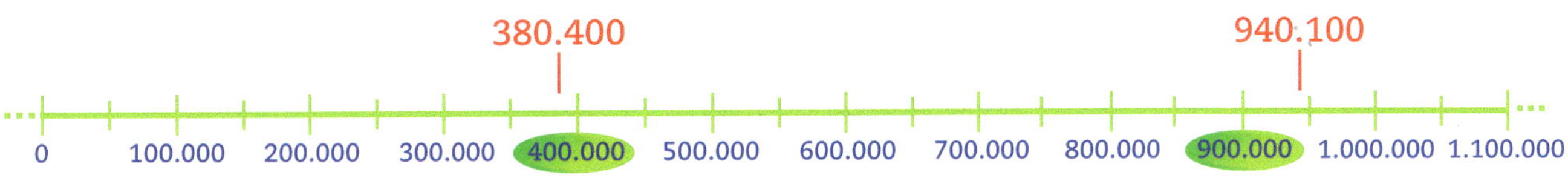

Podem arrodonir els nombres a les centenes de mil numèricament:

380.400 → **4**00.000

Si la xifra que segueix és 5 o més (5, 6, 7, 8, 9), augmentem en una unitat la xifra de les centenes de mil.

940.100 → **9**00.000

Si la xifra que segueix és inferior a 5 (4, 3, 2, 1, 0), no modifiquem la xifra de les centenes de mil.

> Per arrodonir un nombre busquem el nombre més proper acabat en zeros.

16 Arrodoniu a les centenes de mil els nombres de turistes de les procedències indicades:

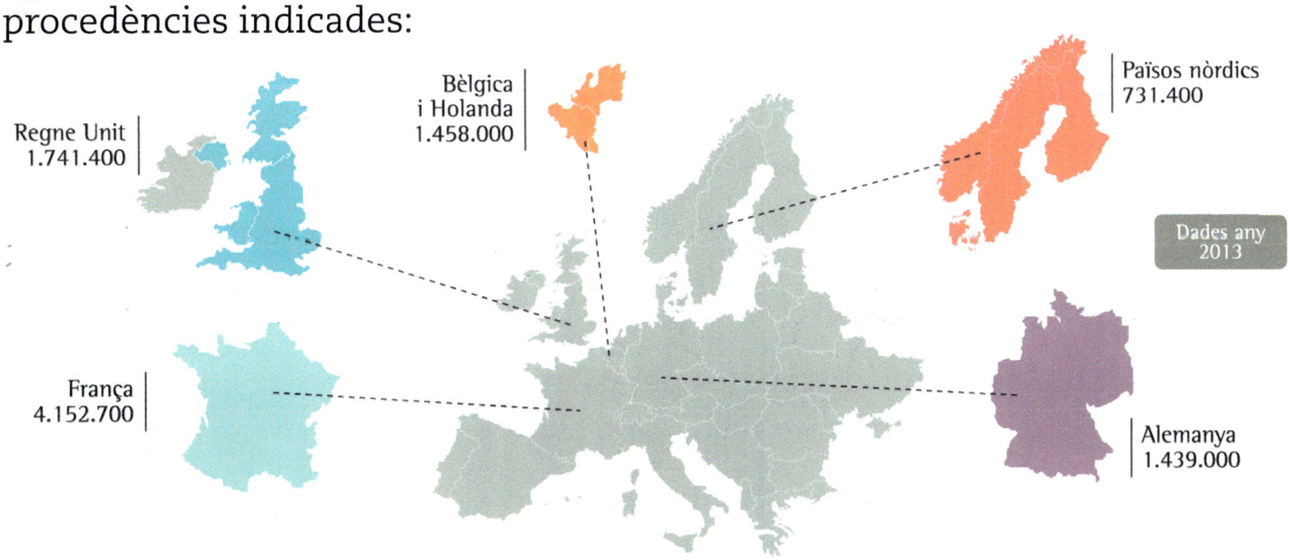

Q Pàgina 5

5. LA SUMA

Una part dels turistes que van arribar a Catalunya el 2013 ho van fer per carretera.

Amb autocar
716.683 turistes

Amb cotxe
4.448.145 turistes

Estimem la suma arrodonint a les centenes de mil:

4.448.145 + 716.683 → 4.400.000 + 700.000 = **5.100.000**

Fem el càlcul exacte. Ho podem fer en **horitzontal** o en **vertical**:

Comencem per les unitats.

4.448.^{1}145 + 716.683 = 5.164.828

Seguim per les desenes, centenes...

```
  4.448.145
+   716.683
-----------
  5.164.828
```

Alineem els sumands segons els ordres d'unitats.

17 Sumeu en horitzontal:

- 254 + 381 + 788
- 9.004 + 4.257
- 2.524 + 12.388 + 554
- 45.208 + 106.247

18 Col·loqueu en vertical i sumeu:

- 567 + 884 + 698
- 3.210 + 48 + 1.333
- 35.783 + 44 + 7.881
- 233.222 + 547 + 45.999

19 Continueu les sèries fins que tinguin 15 termes:

- 0, 25, 50, 75......
- 11, 22, 33, 44......
- 40, 52, 64, 76......
- 17, 31, 45, 59......

20 Calculeu aquestes distàncies per carretera:

- Amsterdam-Lisboa
- Madrid-París
- Barcelona-Oslo
- Oslo-Madrid

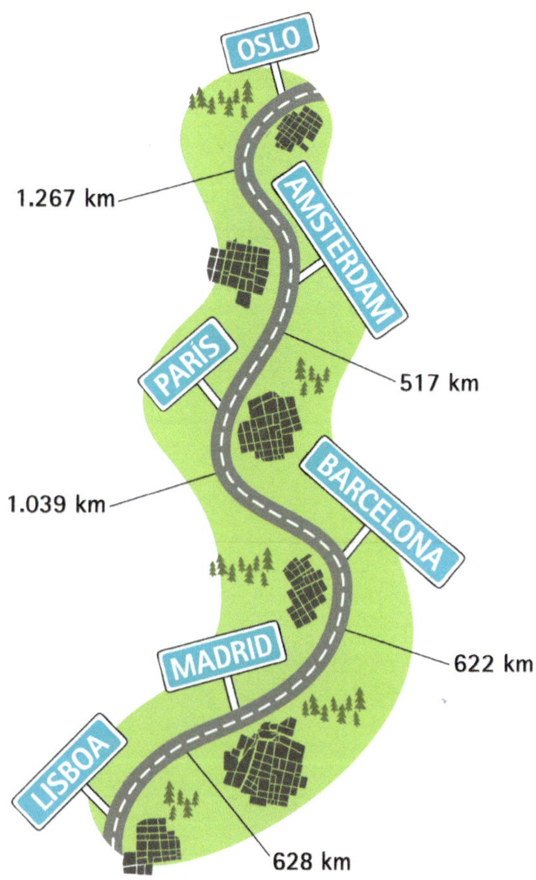

6. PROPIETATS DE LA SUMA

En Lluc, la Sandra i la Neus han tirat cadascú un dard:

- **Propietat commutativa**

Neus		Lluc		Lluc		Neus		
17	+	4	=	4	+	17	=	21

Si canviem l'ordre dels sumands, el resultat no varia. És la **propietat commutativa** de la suma.

- **Propietat associativa**

Neus, Lluc, Sandra: 17 + 4 + 16 =

17 + **20** = 37

21 + 16 = 37

Sumes parcials

L'ordre que seguim per fer les sumes parcials no modifica el resultat. És la **propietat associativa** de la suma.

21 Sumeu aquestes quantitats de dues maneres diferents, canviant l'ordre. Sempre surt el mateix?

- 125 + 7.888 + 411
- 8.577 + 123.654
- 4.875 + 5.883 + 1.222 + 7.804

22 Busqueu l'ordre més fàcil i sumeu:

- 150 + 37 + 50
- 247 + 28 + 3
- 118 + 225 + 75
- 1.437 + 0 + 13 + 60

Si sumem 0 a un nombre, aquest no varia. El 0 és l'element neutre de la suma.

23 Completeu:

- 3.511 + 0 = ...
- 319 + 0 + 1.555 = 1.555 + ...
- 425 + 1.350 = 1.350 + ...

Dictats matemàtics

7. LA RESTA

L'Arnau té 125 cromos d'una col·lecció.

Minuend →	$2\ {}^{1}0\ {}^{1}0$	$1\ 5\ {}^{1}3$	$1\ {}^{1}2\ 5$
Subtrahend →	$-\ \cancel{1}^{2}\ \cancel{2}^{3}\ 5$	$-\ 1\ \cancel{2}^{3}\ 5$	$-\ {}^{1}\ 3\ 5$
Diferència →	$7\ 5$	$2\ 8$	$9\ 0$
	Me'n falten 75.	En té 28 més.	Me'n queden 90.

Si afegim 10 al minuend, hem d'afegir la mateixa quantitat al subtrahend.

24 Arrodoniu a les centenes i feu una estimació del resultat:

- 489 – 155
- 647 – 255
- 296 – 106
- 1.512 – 886

25 Disposeu les restes en vertical i feu-les:

- 850 – 463
- 501 – 234
- 2.304 – 888
- 45.668 – 23.819

26 En quines situacions faríeu servir la resta per trobar la solució?

a) Tinc 23 € i me'n donen 25 més. Quants en tinc ara?

b) Tinc 23 €. Quants me'n falten per tenir-ne 50?

c) Tinc 30 cireres i en dono 14 a la meva germana i 6 al meu germà. Quantes me'n queden?

d) Dono 14 cireres a la meva germana i 6 al meu germà. Quantes n'he donat?

8. LA RESTA COM A INVERSA DE LA SUMA

En el viatge en Ave Barcelona-Figueres, els viatgers que pugen a Barcelona i arriben a Figueres són:

Viatgers que pugen a Barcelona		Viatgers que baixen a Girona		Viatgers que arriben a Figueres
?	–	217	=	28

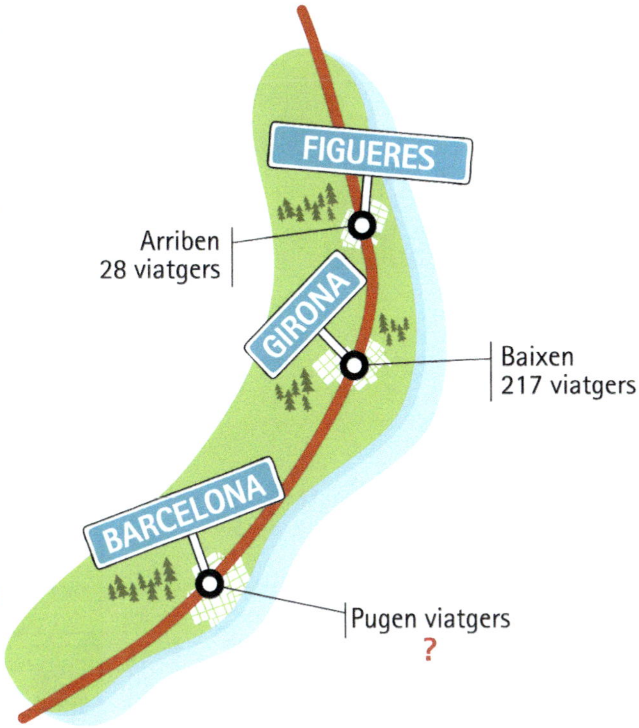

Transformem la situació en una suma:

Viatgers que arriben a Figueres		Viatgers que baixen a Girona		Viatgers que pugen a Barcelona
28	+	217	=	245

La resta és l'operació **inversa** de la suma.

27 Transformeu les sumes en restes seguint l'exemple:

a)
```
   8 3
 + 3 6
 -----
 1 1 9
```
→
```
 1 1 9
 – 3 6
 -----
   8 3
```

b)
```
   4 3 8
 + 1 6 8
 -------
   6 0 6
```

c)
```
   1.3 8 2
 + 2.5 4 3
 ---------
   3.9 2 5
```

28 Calculeu en cada cas el terme que falta i expliqueu com ho heu fet:

- 314 + ... = 425
- 140 – ...... = 75
- ...... – 67 = 200
- ...... + 145 = 223

29 Feu les restes i comproveu-les fent-ne la prova:

- 854 – 266
- 3.450 – 872
- 12.166 – 10.894
- 5.351 – 3.847

Q Pàgina 6

9. ELS DIAGRAMES DE BARRES

Hem preguntat als alumnes de quart quin pastís els agradava més.

	De crema	De nata	De xocolata
Nens	11	4	6
Nenes	7	8	12

Representem les dades amb un **diagrama de barres**:

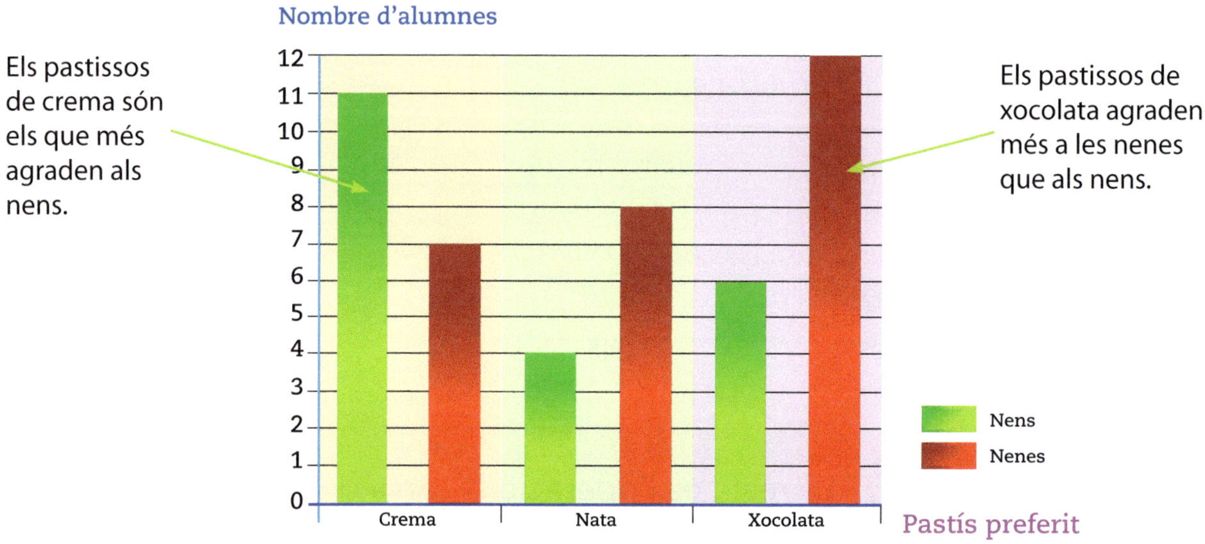

Els **diagrames de barres** ens permeten llegir ràpidament els resultats d'una enquesta.

30 Una empresa té tres impremtes que s'utilitzen en dos torns. El diagrama indica el nombre d'incidències que han tingut en un any.

a) En quin torn tenen més incidències?

b) Quina impremta provoca més incidències?

c) En un any, quantes incidències s'han registrat?

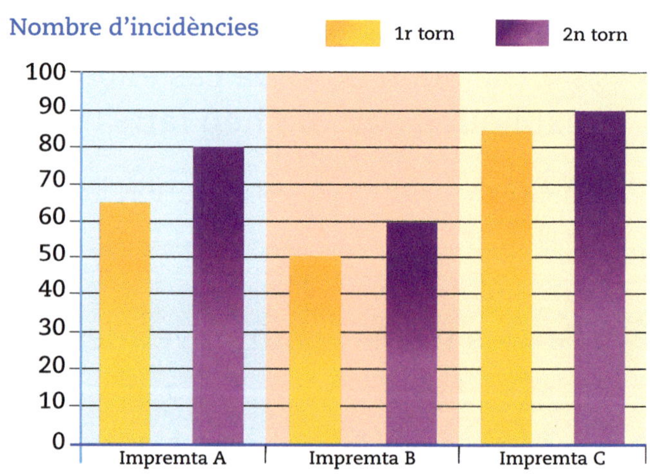

Dictats matemàtics

10. LA FREQÜÈNCIA I LA MODA

Hem preguntat a una classe de quart quina és la seva fruita preferida.

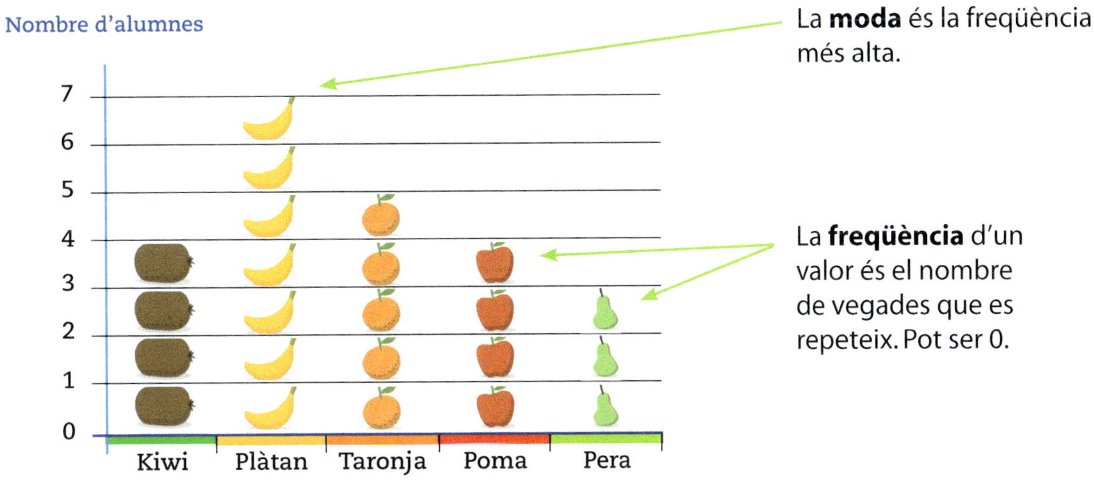

La freqüència és el nombre de vegades que es repeteix un valor.
La moda és el valor que té la freqüència més alta.

31 Observeu el diagrama:

a) Què és el que es demana?
b) Quina és la freqüència d'anar amb autocar?
c) Quin valor té la freqüència més baixa?
d) Quina és la moda?
e) A quantes persones s'ha preguntat?

- Feu el mateix estudi a la vostra classe. Quins resultats obteniu?

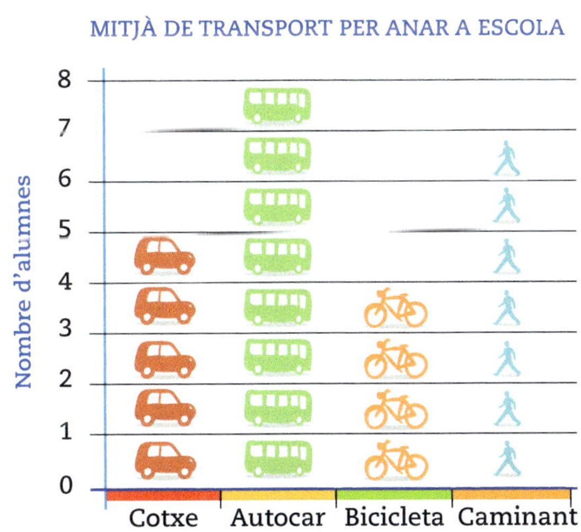

32 Hem donat quatre gelats a tastar (xocolata, coco, pistatxo i maduixa) i hem demanat quin agrada més.

a) Representeu amb un diagrama els resultats obtinguts.
b) Quina és la moda?

Q Pàgines 7 i 8

TALLER DE PROBLEMES

ENUNCIAT: Relacionem situacions amb preguntes

Relacioneu cada situació amb la pregunta corresponent per formar un problema:

1. Tinc 5 ous a la panera i n'hi afegeixo una dotzena.
2. Tenia 17 ous a casa i me n'he gastat 8 en una truita de patates.
3. A la pastisseria necessiten molts ous. El proveïdor els en porta 20 dotzenes cada dilluns i cada divendres.

A. Quants ous em queden?

B. Quants ous els porten en dues setmanes?

C. Quants ous tinc a la panera?

Per fer les parelles, analitzarem per a cada situació quina mena de pregunta és la més adequada. La correspondència és: 1-C, 2-A i 3-B.

33 Relacioneu cada situació amb la seva pregunta:

1. Un cotxe va a 65 km/h i en arribar a un poble frena fins a 50 km/h.
2. Una gasela corre a 70 km/h, i el seu perseguidor, el guepard, va a 110 km/h.
3. Un avió s'enlaira quan arriba als 270 km/h, i continua accelerant fins a arribar a la velocitat de 900 km/h.

A. En quant augmenta de velocitat des que s'enlaira?

B. En quant disminueix la velocitat?

C. Quant hauria de córrer de més perquè no l'atrapessin?

RESOLUCIÓ: Seguim una pauta

A la fleca del barri acaben de treure 32 barres del forn. Ara hi ha 87 barres a les lleixes. Quantes barres hi havia abans?

Identifiquem les dades:

– Què sabem: • Barres fetes: 32 • Barres finals: 87

– Què ens demanen: • Barres inicials: ?

Fem un esquema:

Estimem el resultat: Hi ha d'haver menys de 87 barres.

Resolem:

87 – 32 = 55 barres

Valorem l'estimació i escrivim la resposta:

La nostra estimació era encertada. Hi havia 55 barres.

34 Després de l'esbarjo tinc 23 bales. Si durant l'esbarjo he guanyat 7 bales, quantes en tenia abans d'anar al pati?

35 Resoleu aplicant les vostres destreses:

a) Tinc 128 cromos. N'he comprat 25 i n'he regalat 14. Quants en tinc?

b) En una botiga tenen 76 para-sols japonesos. Durant el dia n'han venut 18, i al vespre n'han portat del magatzem 15 de vermells, 12 de verds i 9 de blaus. Quants para-sols tenen ara a la botiga?

Q Pàgina 9   W Dictats matemàtics

Permutació de tres elements

Intercanvi de parelles

En un grup de quatre, feu dues parelles que anireu intercanviant.

L'Eliseu, la Joana i en Robert se'n van de viatge a les Canàries amb avió. Tenen reservats els seients D, E i F de la fila 7.

L'Eliseu vol seure a la finestra. Com poden seure?

D	E	F
		Eliseu

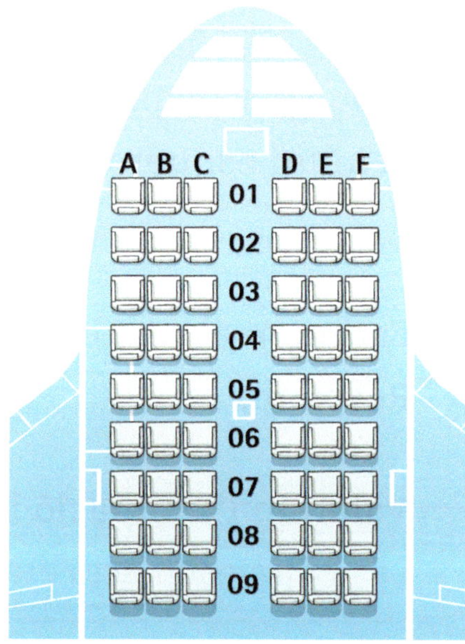

Hi ha dues possibilitats:

D	E	F
Joana	Robert	Eliseu

D	E	F
Robert	Joana	Eliseu

Si l'Eliseu hagués volgut seure al mig, hauríem tingut:

D	E	F
Joana	Eliseu	Robert

D	E	F
Robert	Eliseu	Joana

Els esquemes ens ajuden a fer càlculs.

36 Seguiu aquests passos per fer l'activitat:

1r. Per parelles, imagineu que l'Eliseu no vol anar al mig. De quantes maneres diferents es podran asseure?

2n. Intercanvieu les parelles. Penseu de quantes maneres diferents es podran asseure si no imposem cap condició.

3r. Torneu a intercanviar les parelles. En Pol, la Judit, l'Anna i en Martí tenen els seints A, B, C i D de la fila 5. De quantes maneres diferents es podran asseure si en Pol vol anar a la finestra? I si no hi vol anar?

37 Avalueu-vos:

Heu tingut problemes amb alguna parella? Quins? Com els heu resolt?

Q Pàgina 10

CÀLCUL MENTAL

Sumar i restar desenes i centenes completes

Suma acabada en 3

Sumand acabat en 0

38 La suma dels nombres de la base és igual al nombre superior. Completeu:

39 Seguiu la sèrie amb sis termes més:

120 • 165 • 210 • 255 • 300 • ....

40 Sumeu el nombre que cal per arribar a la centena completa més propera:

180 • 357 • 87 • 34 • 247 • 13 • 761 • 817 • 309 • 101 • 285

41 Resteu el nombre que cal per arribar a la centena completa més propera:

601 • 342 • 183 • 245 • 642 • 333 • 841 • 173 • 442 • 610

42 Completeu les dianes perquè el nombre situat més a l'exterior sigui la suma dels valors del centre. Fixeu-vos en l'exemple:

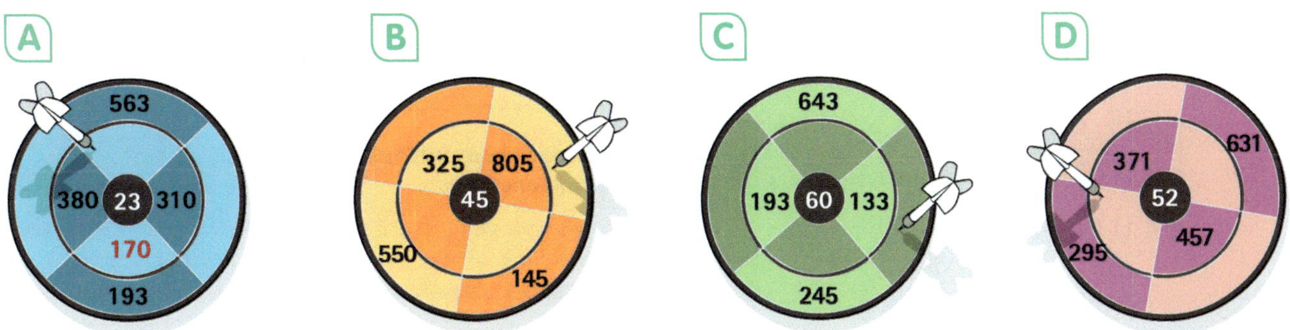

W El joc del càlcul

Zona Clic

Català | **Matemàtiques** | Ciències | Música | Castellà

WebQuest

Us proposem una WebQuest sobre el sistema de numeració decimal. Abans de fer-la, us oferim 4 activitats per practicar.

www.e-cruilla.cat/webquest01

43 Trieu les equivalències de la desena de miler:

• 100 centenes • 10 milers • 1.000 desenes • 100 milers

44 Trieu en cada cas el paquet que representa una quantitat més alta:

A

B

C
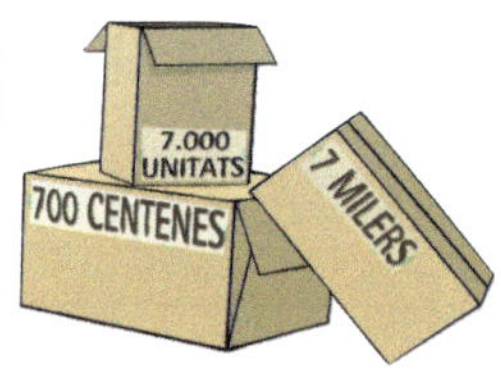

45 Quin nombre, amb les xifres donades, compleix aquestes condicions:

– La xifra de les desenes de mil és el doble que la de les desenes.
– És més gran que 600.000.
– És un nombre imparell.
– La xifra dels milers és la més alta.

46 Escriviu nombres en lletres. Fixeu-vos en l'ajuda:

• 6.338.256
• 2.087.422
• 635.200
• 8.350.121
• 4.099.345
• 348.077
• 599.851
• 5.032.456
• 692.371
• 836.283

LLEGIR I ESCRIURE NOMBRES

Recorda la regla del
D - U - C
DESENES seguides d'UNITATS amb guionet al mig
UNITATS seguides de CENTENES amb guionet al mig

C	D	U
8	9	8

MOSTRAR
ESCRIURE
vuit-cents noranta-vuit

W Zona clic

HE APRÈS

1 Descompon cada nombre com a suma del valor de cada xifra:

3.145.687 • 2.173.681 • 537.027 • 300.887 • 8.309.621 • 66.000.451

2 Segueix la sèrie amb cinc elements més:

128 • 248 • 368 • 488 • ....

3 Fes aquestes operacions:

- 45.388 + 35.872
- 45.308 – 4.872
- 64.281 + 14.590
- 66.892 – 42.903
- 73.980 + 5.681
- 26.328 – 24.157

4 Busca els nombres que falten:

- 235 + 1.234 = 1.234 + ...
- .... – 400 = 400
- 125 – .... = 80
- 755 + ... = 1.134
- 2.230 + ... = 2.300
- 2.338 – .... = 876

5 Hem demanat a les jugadores d'un equip de futbol els gols que han marcat.

a) Quina és la suma dels gols marcats per totes les jugadores?

b) Quant val la moda?

c) Representa les dades en una taula.

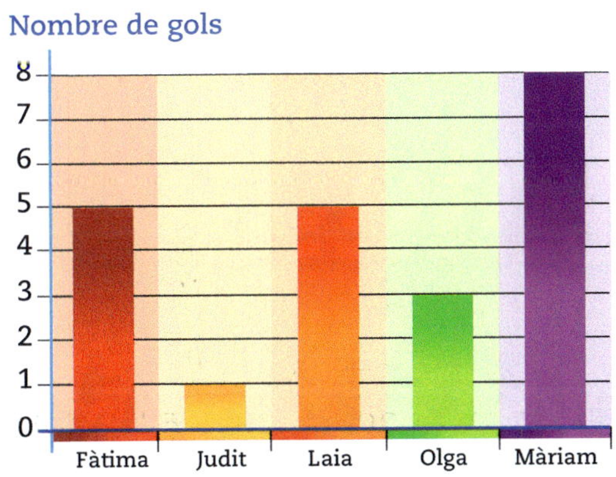

6 Per anar a la platja hem agafat un autobús que només fa dues parades.

– A la nostra parada, la d'origen, han pujat 5 persones. El bus era buit.

– A la primera parada han pujat 8 persones i n'ha baixat 1.

– A la segona parada n'han baixat 3 i n'han pujat 10. Quantes persones hem arribat a la platja?

Autoavaluació

2 MULTIPLIQUEM

Propietats de la multiplicació. Multiplicació per nombres de 2 i 3 xifres

QUÈ EN SABEM

1. Feu una estimació dels cotxes que surten a la fotografia. Expliqueu com l'heu feta.

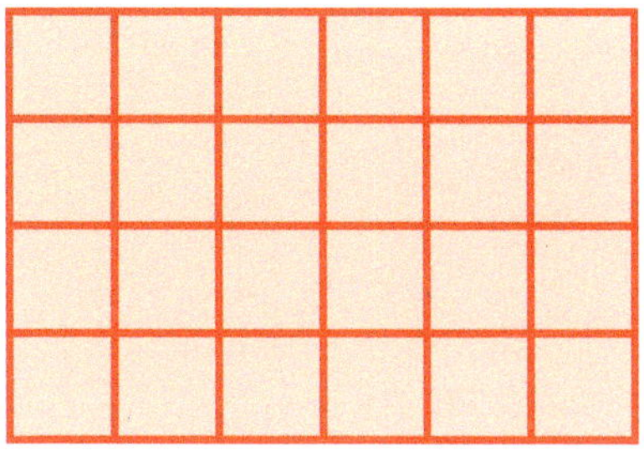

2. Quin d'aquests productes representa el rectangle?
   - 6 × 5
   - 5 × 3
   - 6 × 4
   - 4 × 8

3. Quins productes donen 14? I 32?

4. Continueu aquestes sèries amb vuit termes més:
   - 0, 2, 4, 6...
   - 0, 6, 12, 18...
   - 0, 7, 14, 21...
   - 0, 5, 10, 15...

EXPLOREM

5. Observeu l'arbre genealògic.
   a) Quants besavis té l'Agnès?
   b) A l'arbre no apareixen els rebesavis. Quants són?
   c) Si els pares formen el segon nivell de l'arbre i els avis el tercer, quantes persones formen el sisè nivell? I el setè?
   d) Coneixeu algun besavi vostre?

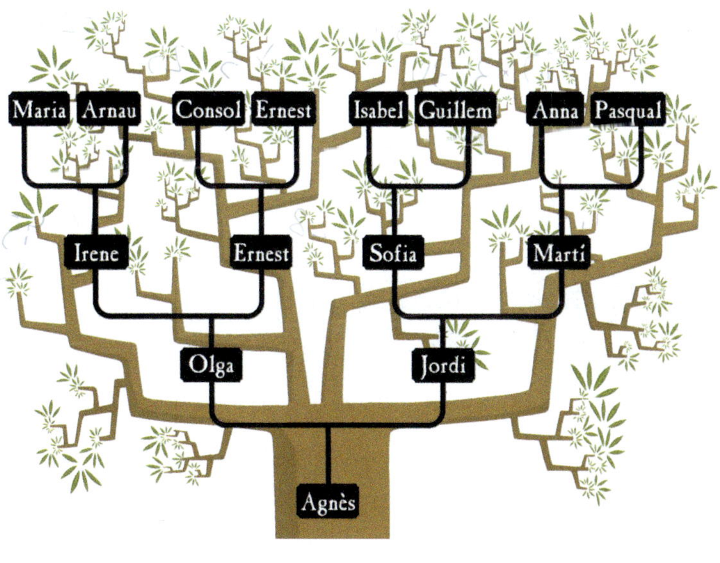

1. MULTIPLICACIÓ COM A SUMA DE TERMES IGUALS

Hem fet durant una setmana el tram final del camí de Sant Jaume.

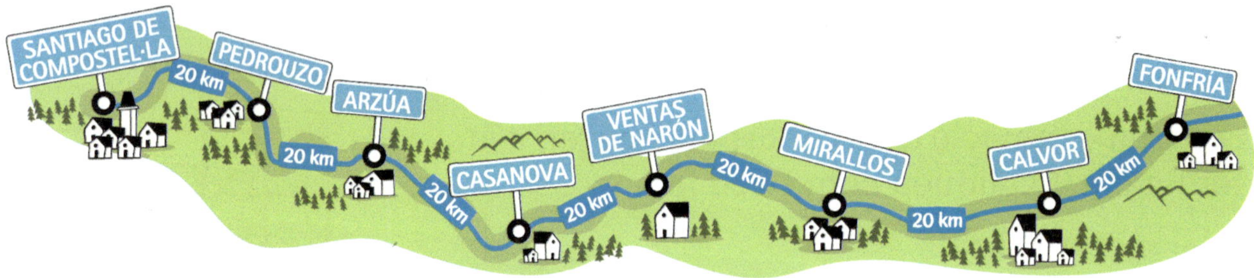

Cada dia hem recorregut uns 20 km. La distància total és:

7 sumands iguals

20 + 20 + 20 + 20 + 20 + 20 + 20 = 140 km

Ho expressem en forma de multiplicació.

Factor		Factor		Producte
7	×	20	=	140 km

6 Expressa les sumes en forma de multiplicació: 8X3=24

4X4=16

3X3=9 • 3 + 3 + 3 = 9 • 4 + 4 + 4 + 4 = 16 • 8 + 8 + 8 = 24

• 10 + 10 + 10 = 30 • 5 + 5 + 5 + 5 + 5 = 25 • 12 + 12 + 12 + 12 + 12 + 12 = 72

10X3=30 5X5=25 12X6=72

7 Calculeu aquests productes sense multiplicar:

• 8 × 6 • 7 × 4 • 15 × 3 • 5 × 19

48 28 45 95

8 Resoleu amb una suma repetida:

a) Quants futbolistes juguen en 4 equips de futbol?

b) Quants dits són 7 mans? I les mans de 7 persones?

c) Quantes rodes tenen 3 camions com aquest?

2. REPRESENTACIÓ GRÀFICA DE PRODUCTES

Podem representar qualsevol **producte** amb un **rectangle**.

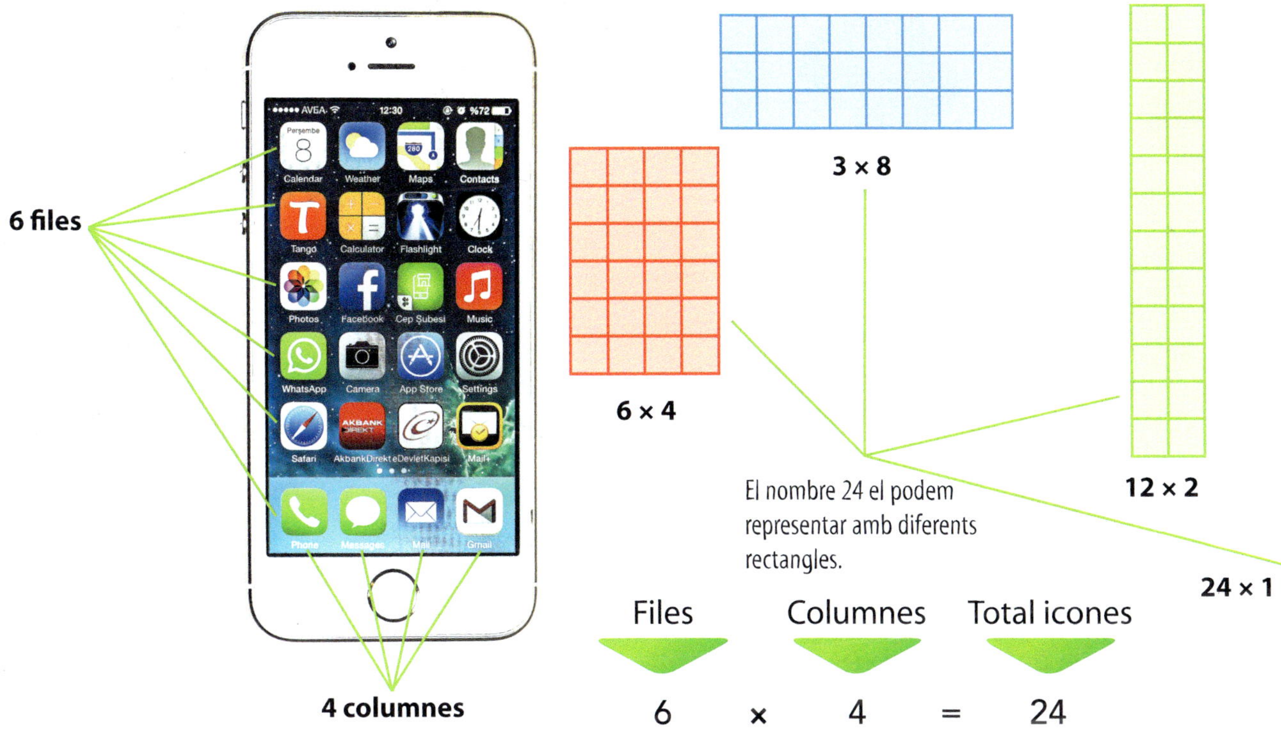

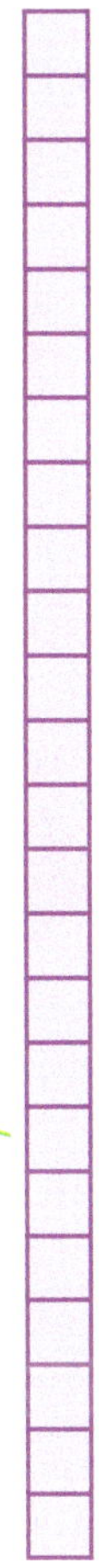

9 Representeu en una quadrícula els productes següents en forma de rectangle. Un d'ells té forma de quadrat. Quin?

- 3 × 6
- 2 × 7
- 8 × 9
- 6 × 6
- 5 × 7

10 Representeu els rectangles que facin 18 quadradets.

11 Quins productes representen els rectangles següents?

A
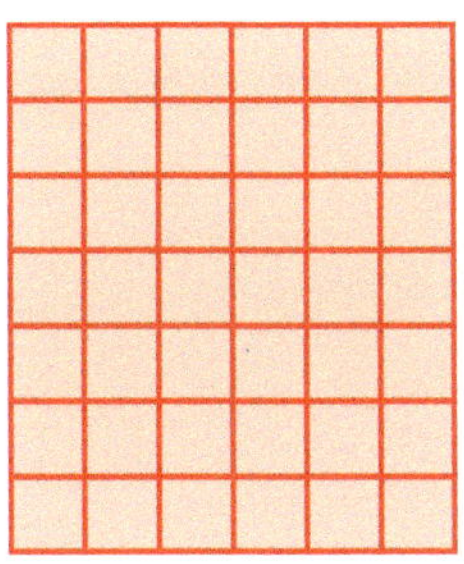

B
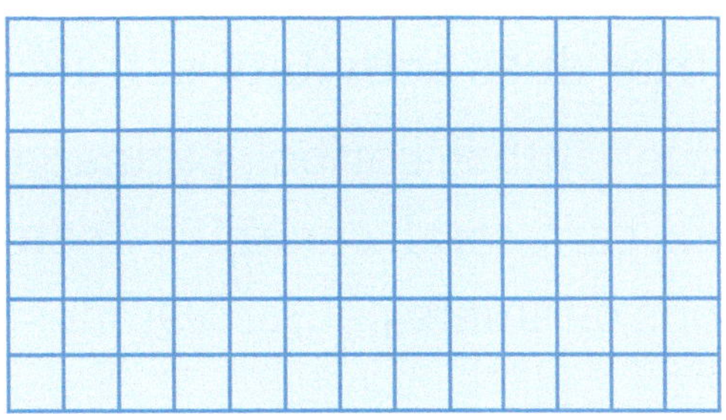

C

Q Pàgines 11 i 12

3. MULTIPLICACIÓ COM A COMBINACIÓ

Un pallasso té 4 perruques i 3 barrets. De quantes maneres els pot combinar?

4 perruques

3 barrets

Per cada perruca es pot posar tres barrets.

Com que té quatre perruques, el total serà:

4 × 3 = 12 combinacions

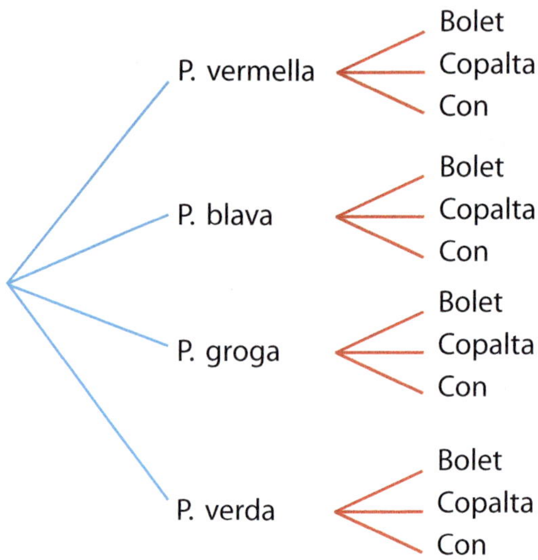

> Per saber el nombre de **combinacions** que podem fer amb diversos elements, **multipliquem**.

12 El pallasso de l'exemple anterior disposa de dues corbates diferents.

De quantes maneres podrà combinar les perruques, els barrets i les corbates?

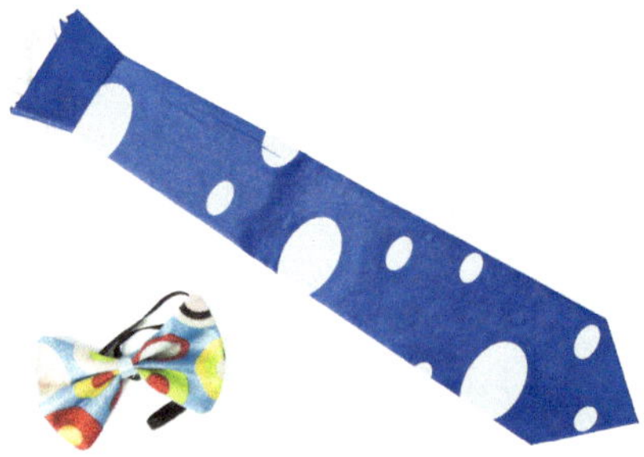

13 En Jonàs ha de triar dues activitats extraescolars, una de cada grup:

– Grup esports: bàsquet, futbol, corfbol, patinatge i hoquei.

– Grup artístic: dibuix, cant coral, ceràmica i percussió.

Quantes combinacions diferents pot fer? Quines són?

W Dictats matemàtics

4. PROPIETATS DEL PRODUCTE

• Propietat commutativa

En Guillem i l'Imma han comprat cadascú 24 iogurts:

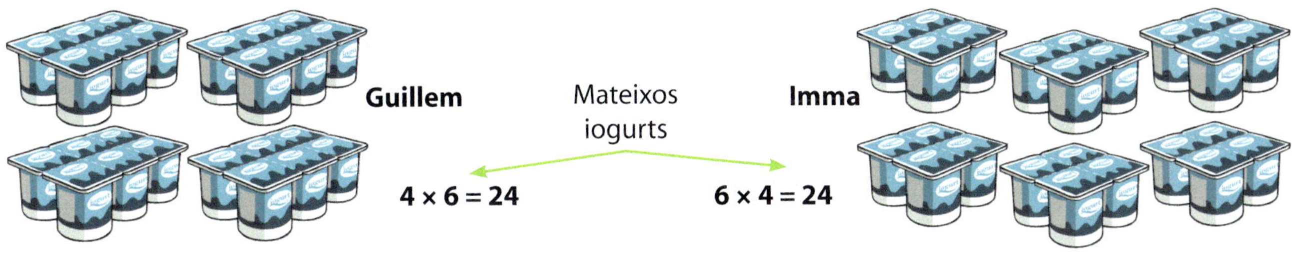

En una multiplicació, **si canviem l'ordre dels factors**, el resultat no varia.

• Propietat associativa

Cada setmana comprem 2 packs de 6 iogurts. Quants iogurts comprem en 4 setmanes?

$$(2 \times 6) \times 4 = 12 \times 4 = 48 \qquad 2 \times (6 \times 4) = 2 \times 24 = 48$$

En una multiplicació, **l'ordre en què fem els productes** no altera el resultat.

14 Completeu. De vegades hi ha més d'una solució.

- 12 × 2 = 2 × ....
- 833 × 1 = ...
- 10 × 62 − .... × 10
- 5 × 4 = 4 × ....
- 10 × .... = ... × 10
- 71 × 22 = 22 × ....
- 66 × .... = 12 × 66
- .... × .... = 17 × ....
- 13 × .... = 15 × ....
- 6.883 × .... = ... × 6.883

15 Apliqueu la propietat associativa per facilitar els càlculs:

- 50 × 57 × 2
- 25 × 4 × 5 × 2
- 13 × 5 × 4

5. LES TAULES DE MULTIPLICAR

A la taula trobem els productes a les interseccions de files i columnes:

3 × 4

6 × 8

9 × 10

11 × 6

×	1	2	3	4	5	6	7	8	9	10	11	12
1	1	2	3	4	5	6	7	8	9	10	11	12
2	2	4	6	8	10	12	14	16	18	20	22	24
3	3	6	9	12	15	18	21	24	27	30	33	36
4	4	8	12	16	20	24	28	32	36	40	44	48
5	5	10	15	20	25	30	35	40	45	50	55	60
6	6	12	18	24	30	36	42	48	54	60	66	72
7	7	14	21	28	35	42	49	56	63	70	77	84
8	8	16	24	32	40	48	56	64	72	80	88	96
9	9	18	27	36	45	54	63	72	81	90	99	108
10	10	20	30	40	50	60	70	80	90	100	110	120
11	11	22	33	44	55	66	77	88	99	110	121	132
12	12	24	36	48	60	72	84	96	108	120	132	144

16 Busqueu a la taula els productes següents. Dibuixeu-los després en una quadrícula en forma de rectangle.

- 6 × 7
- 9 × 6
- 5 × 11
- 7 × 4
- 3 × 9
- 7 × 5

17 Consulteu la taula i indiqueu quins factors cal multiplicar per obtenir els nombres següents. Hi ha més d'una possibilitat?

- 28
- 54
- 49
- 12
- 60

18 Feu en horitzontal aquestes multiplicacions:

- 125 × 5
- 237 × 4
- 2.354 × 7

19 Quants bombons hi ha en una capsa que té 2 pisos amb 5 files de 7 bombons a cada pis?

Q Pàgina 13

6. DESCOMPOSICIÓ EN FACTORS

Podem ordenar 30 fitxes formant diferents rectangles.

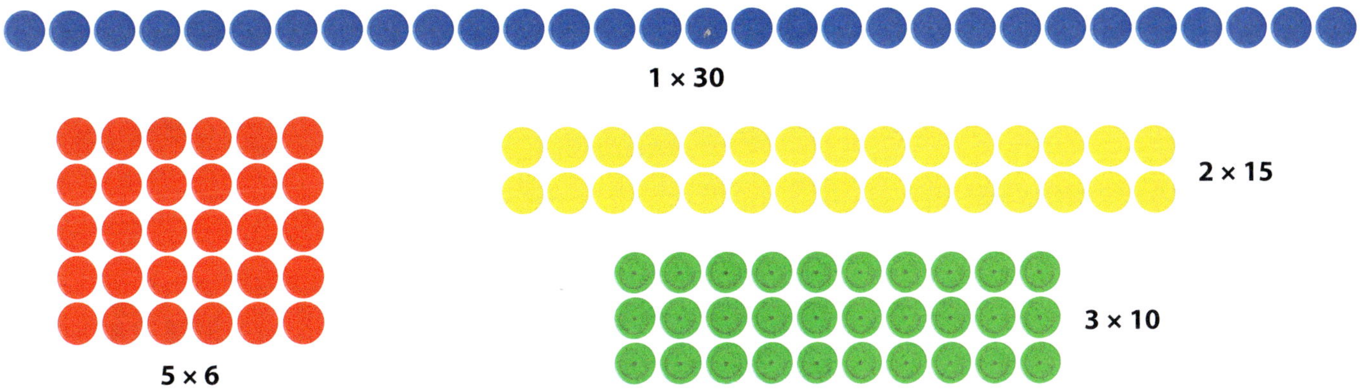

Podem expressar el 30 en forma de producte de dos factors de quatre maneres:

$30 = 30 \times 1$ $\quad$ $30 = 15 \times 2$ $\quad$ $30 = 10 \times 3$ $\quad$ $30 = 6 \times 5$

> Podem descompondre qualsevol nombre en **producte de dos factors**.

20 Hem representat un nombre amb aquest rectangle. Amb quins altres rectangles el podeu representar?

21 Penseu totes les descomposicions que se us acudeixin d'aquests nombres. Què observeu?

12 • 15 • 36 • 11 • 19 • 25 • 16 • 7

22 Endevineu aquest nombre:

Dictats matemàtics

7. LA PROPIETAT DISTRIBUTIVA

Per a una festa, preparem quatre lots, cada un format per un paquet de globus i un pot de sabó per fer bombolles. El cost és:

$$4 \times (5 + 2)$$

- **Primera manera de fer el càlcul**

Calculem el cost d'un lot i el multipliquem per 4:

Preu lot

$$4 \times (5 + 2) = 4 \times 7 = 28\ €$$

- **Segona manera de fer el càlcul**

Calculem el cost dels globus i el cost dels pots de sabó i ho sumem:

Preu globus   Preu sabó

$$4 \times 5 + 4 \times 2 = 20 + 8 = 28\ €$$

> La **propietat distributiva** de la multiplicació relaciona la suma i la resta amb la multiplicació.
>
> $$4 \times (5 + 2) = 4 \times 5 + 4 \times 2$$

23 Calculeu aplicant la propietat distributiva:

- $5 \times (7 + 12)$
- $8 \times (15 + 3)$
- $(18 + 7) \times 3$
- $9 \times (20 + 30)$
- $(2 + 7) \times 12$
- $5 \times (8 + 13)$
- $4 \times (12 - 8)$
- $11 \times (5 - 3)$

24 Fixeu-vos en l'exemple i utilitzeu la propietat distributiva per calcular:

$$5 \times 17 = 5 \times (10 + 7) = 5 \times 10 + 5 \times 7 = 50 + 35 = 85$$

- 22×7
- 17×4
- 8×36
- 8×43
- 6×42
- 37×9
- 3×18
- 501×5
- 22×5

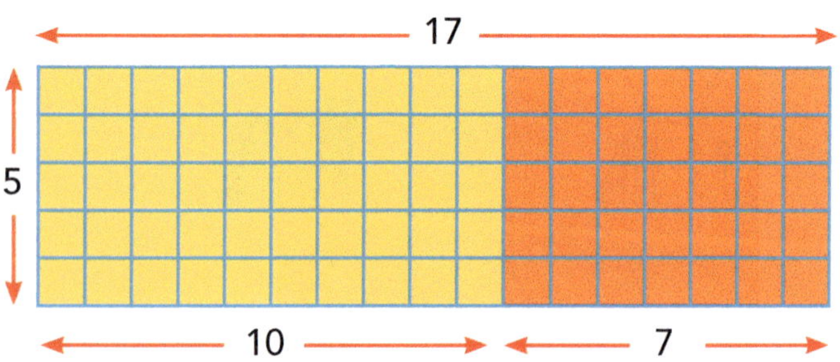

Q Pàgina 14

8. MULTIPLIQUEM PER LA UNITAT SEGUIDA DE ZEROS

Per passar d'un àbac a l'altre, multipliquem cada vegada per 10:

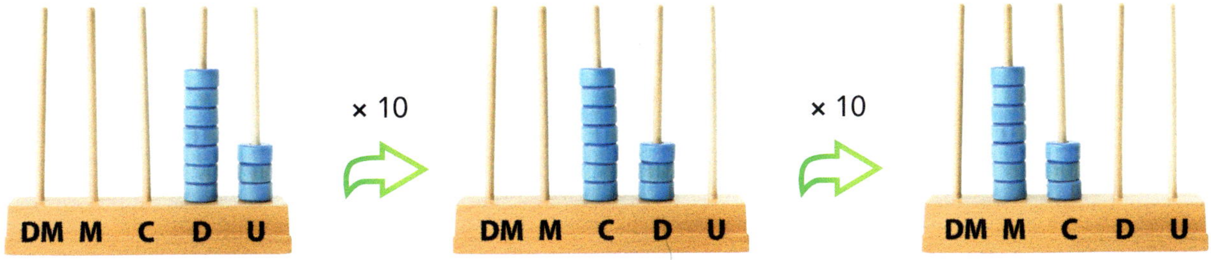

– Si pugem les xifres un ordre, convertim les unitats en desenes i les desenes en centenes. Estem multiplicant el 73 per 10.

$$73 \times 10 = 730$$

– Si pugem les xifres dos ordres, l'estem multiplicant per 100.

$$73 \times 100 = 7.300$$

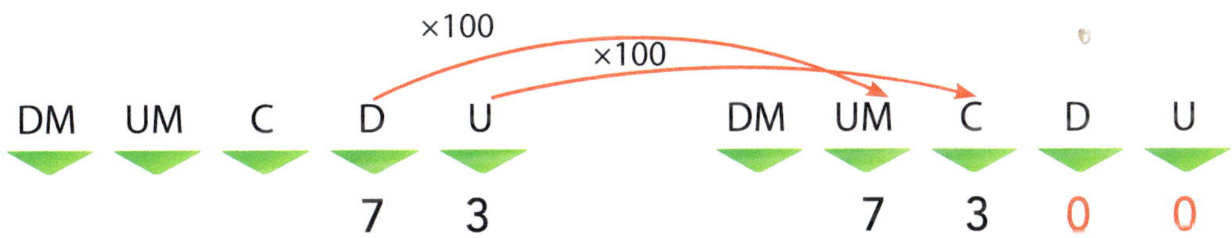

Per multiplicar un nombre per la unitat seguida de zeros (10, 100, 1.000...), escrivim el nombre seguit de tants zeros com tingui la unitat.

25 Calculeu:

- 45 × 100 4500
- 98 × 10 980
- 3.176 × 100 3.17600
- 201 × 10 2010
- 5 × 1.000 5000
- 1.000 × 1.000 1000.000
- 2.723 × 100 272300
- 693 × 1.000 693000
- 245 × 100 24500
- 752 × 1.000 752000
- 18 × 10.000 180000
- 2 × 100.000 200.000

26 Fixeu-vos en l'exemple i completeu:

- 32 × 100 = 3.200
- 8 × 1.000 = 8000
- 1.230 × 10 = 12300
- 18 × 100 = 1.800
- 31 × 10 = 310
- 231 × 100 = 23.100
- 45 × 10 = 450
- 123 × 100 = 12.300
- 120 × 1.000 = 120.000

9. MULTIPLIQUEM PER NOMBRES DE DUES XIFRES

Arrodonint els factors, obtenim una estimació del producte:

$$43 \times 32 \simeq 40 \times 30 \simeq 1.200$$

Multiplicant pas a pas, obtenim el resultat exacte:

UM	C	D	U
		4	3
×		3	(2)
		8	6

Multipliquem les unitats del segon nombre (2) pel primer nombre (43). Alineem el resultat amb les unitats.

2 U x 4 D = 8 D

UM	C	D	U
		4	3
×	1	(3)	2
		8	6
1	2	9	

Multipliquem les desenes del segon nombre (3) pel primer nombre (43). Alineem el resultat amb les desenes.

3 D x 4 D = 12 C = 1 UM 2 C

UM	C	D	U
		4	3
×		3	2
		8	6
1	2	9	
1	3	7	6

Sumem unitats amb unitats, desenes amb desenes...

27 Completeu aquestes multiplicacions:

a)

		7	3
×		2	8
	....	....	4
....	....	6	
2	....	4	....

b)

		4	7	8
×			7	2
		....	5	....
3	....	4	....	
....	4	4	1	....

c)

		6	1	9
×			3	4
	....	4	....	6
1	8	....	7	
2	....	0	....	6

28 Estimeu el resultat de les multiplicacions i després feu-les:

- 36 × 92
- 18 × 478
- 56 × 881
- 462 × 67

W Dictats matemàtics

10. MULTIPLIQUEM PER NOMBRES DE TRES XIFRES

Per multiplicar per nombres de tres xifres fem servir el mateix mecanisme.

			2	6	2	5
×				3	1	2
			5	2	5	0

Multipliquem per les unitats. Alineem el resultat amb les unitats.

			2	6	2	5
×				3	1	2
			5	2	5	0
		2	6	2	5	

Multipliquem per les desenes. Alineem el resultat amb les desenes.

			2	6	2	5
×				3	1	2
			5	2	5	0
		2	6	2	5	
	7	8	7	5		

Multipliquem per les centenes. Alineem el resultat amb les centenes.

			2	6	2	5
×				3	1	2
			5	2	5	0
		2	6	2	5	
	7	8	7	5		
8	1	9	0	0	0	

Sumem els resultats parcials.

29 Relacioneu cada operació amb l'estimació del seu resultat:

287 × 98 · 305 × 23 · 453 × 114 · 357 × 406 · 862 × 113 · 39 × 925

6.000 · 90.000 · 160.000 · 30.000 · 36.000 · 50.000

30 Estimeu el resultat d'aquestes multiplicacions i després feu-les:

- 2.348 × 337
- 11.884 × 512
- 443 × 998
- 4.199 × 209

31 Calculeu:

- 4.058 × 57
- 8.139 × 285
- 493 × 74
- 4.058 × 57

32 Hem carregat aquests contenidors a un vaixell. Quin pes hem carregat?

256 contenidors

15.000 kg/contenidor

450 contenidors

20.000 kg/contenidor

839 contenidors

25.000 kg/contenidor

Q Pàgina 15

TALLER DE PROBLEMES

ENUNCIAT: Plantegem preguntes

Plantegeu tres preguntes per a aquesta situació.
L'any passat al parc del poble hi havia 17 plàtans, 3 til·lers, 6 moreres i 2 lledoners. Aquest any s'han mort 3 plàtans i s'han plantat 2 lledoners i 4 moreres.

Abans de plantejar preguntes analitzarem les característiques de la situació:

- Ens donen diferents quantitats d'espècies d'arbres.
- S'han produït canvis respecte a l'any anterior: s'han mort arbres i se n'han plantat.

Plantegem les preguntes:

- *Quants arbres hi ha en total aquest any?*
- *De quina espècie d'arbre n'hi ha menys exemplars enguany?*
- *Quantes moreres més s'haurien de plantar per igualar els plàtans?*

33 Contesteu les preguntes plantejades per a la situació de l'exemple.

34 Plantegeu una pregunta per a cada situació i després resoleu els problemes:

a) Per anar a la platja des de casa tardem 1 hora. Avui hem arribat a la platja a un quart d'11.

b) Hem de fer 15 entrepans. De cada barra podem fer quatre entrepans.

c) Hem comprat 4 samarretes a 8 € cada una. Després de pagar ens queden 6 euros a la cartera.

RESOLUCIÓ: Responem preguntes

Per la setmana de la castanyada preparem 4 taules, i a cada taula hi posem els fruits que s'indiquen.

a) A cada taula posarem un cartell per a cada tipus de fruita. Quants n'hem de preparar?

b) Quantes fruites seques necessitarem?

4 pomes

2 codonys

1 gotim de raïm

12 castanyes

6 nous

3 figues

3 magranes

1 carbassa

8 ametlles

a) Comptem el nombre de fruits diferents que hi ha en una taula: 9. Com que hi ha 4 taules, necessitarem:

$$4 \times 9 = 36 \text{ cartells}$$

S'han de fer 36 cartells.

b) Les fruites seques d'una taula són:

6 nous, 12 castanyes i 8 ametlles

En quatre taules hi haurà:

$$4 \times (6 + 12 + 8) = 4 \times 26 = 104 \text{ peces}$$

Hi haurà en total 104 fruites seques.

35 Volem preparar 107 paperines per repartir les castanyes. A la classe som 24. Si cadascú fa 4 bosses, quantes ens en faltaran?

36 Resoleu aplicant les vostres destreses:

Per la castanyada els pares han preparat 5 graelles per torrar les castanyes. A cada graella hi poden torrar 130 castanyes. Quantes castanyes podran torrar entre tots si carreguen tres vegades les graelles?

Q Pàgines 16 i 17

W Dictats matemàtics

ESPAI COOPERATIU

Qui és qui?

Parelles recíproques

Per parelles, heu de preguntar i respondre alternativament.

El joc consisteix a endevinar una hortalissa d'un conjunt donat, com el que s'ofereix aquí, fent preguntes que es responen amb sí o no.

Pebrot.

Cabeça d'alls.

Ceba.

Pastanaga.

Enciam.

Api.

Escarola.

Carbassa.

Carxofa.

Carbassó.

Mongetes.

Col.

Tomàquet.

Patata.

Bròquil.

37 Seguiu aquests passos per fer l'activitat:

1r. Cada jugador escriu en un full l'hortalissa que ha d'endevinar el company.

2n. Alternativament, cada jugador fa una pregunta que el company ha de respondre amb un sí o un no. Es preguntarà pel color de l'hortalissa, la part que mengem, el gust, la forma, etc. Amb una fitxa marquem les hortalisses que descartem. Guanya el primer que endevina l'hortalissa proposada.

38 Avalueu-vos:

Heu fet les preguntes correctament? Heu tingut problemes entre vosaltres?

Q Pàgina 18

CÀLCUL MENTAL

Sumem i restem 9 i 11

• Sumem i restem 9

Sumar 9 equival a sumar 10 i restar 1.

$$27 + 9 = 27 + 10 - 1 = 37 - 1 = 36$$

Restar 9 equival a restar 10 i sumar 1.

$$53 - 9 = 53 - 10 + 1 = 43 + 1 = 44$$

39 Calculeu:

- 613 + 9
- 508 + 9
- 9 + 1.014
- 720 + 9
- 56 – 9
- 148 – 9
- 1.167 – 9
- 3.142 – 9

• Sumem i restem 11

Sumar 11 equival a sumar 10 i 1.

$$541 + 11 = 541 + 10 + 1 = 551 + 1 = 552$$

Restar 11 equival a restar 10 i 1.

$$346 - 11 = 346 - 10 - 1 = 336 - 1 = 335$$

40 Calculeu:

- 61 + 11
- 317 + 11
- 1.032 + 11
- 995 + 11
- 455 – 11
- 2.154 – 11
- 329 – 11
- 608 + 11

41 Cada safata pesa 9 g. Quant pesa la fruita sense la safata?

A

B

C

D

W El joc del càlcul

Zona CLIC

Català | **Matemàtiques** | Ciències | Música | Castellà

L'oca del producte

Aquest joc us ajudarà a practicar les taules de multiplicar.

www.e-cruilla.cat/ocadelproducte

Clica en una oca i després en el nombre de jugadors.

Trobareu molts jocs diferents. En tots heu de practicar la multiplicació:

Boles ballarines.

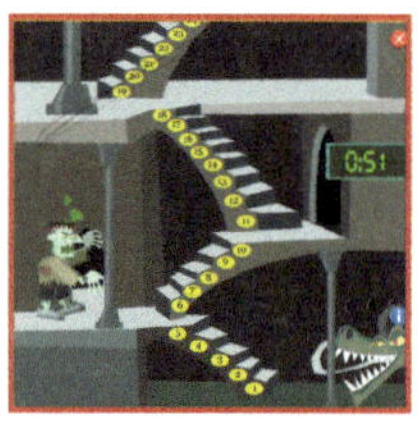

L'escala del terror.

Omple el camió.

42 Un joc interessant és el d'encreuats blancs. Heu d'arrossegar el dau tantes vegades com calgui a les caselles blanques, de manera que files i columnes sumin el valor indicat:

A

				21
				14
				7
				21
21	14	21	7	

B

				16
				16
				24
				32
16	24	32	16	

C

				36
				27
				27
				18
27	36	18	27	

W Zona clic

HE APRÈS

1 Representa com a producte aquests rectangles:

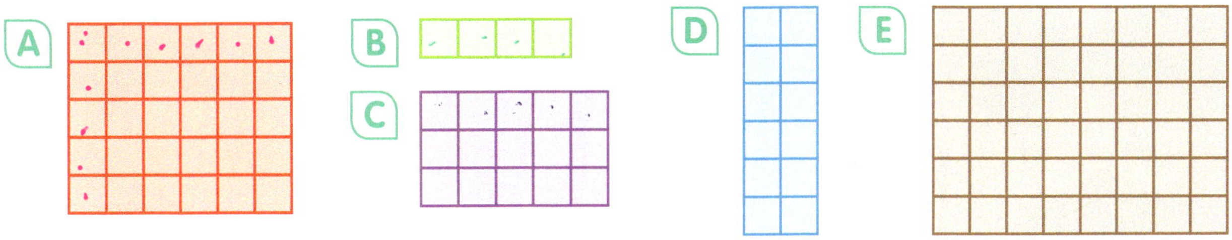

2 Expressa com a rectangles aquests productes:

- 8 × 7
- 6 × 5
- 9 × 6

3 Calcula aplicant la propietat distributiva:

- 6 × (9 + 8)
- 3 × (6 + 9)
- (12 – 2) × 4
- 5 × (12 – 3)
- (8 + 3) × 9
- 6 × (25 – 13)

4 Descompon per poder fer el producte:

- 67 × 7
- 53 × 5
- 38 × 9

5 Estima el resultat d'aquests productes:

- 43 × 56
- 528 × 14
- 2.844 × 237
- 1.023 × 27

6 Fes aquests productes:

- 7.024 × 41
- 783 × 59
- 1.648 × 427
- 445 × 358

7 Un camp petrolífer té 235 pous, i cada pou produeix diàriament 450 barrils de petroli. Un barril de petroli equival a 159 litres.

a) Quants litres de petroli produeix un pou?

b) I tot el camp petrolífer?

W Autoavaluació

3 LES FIGURES PLANES

Rectes i corbes. Polígons. El plànol

QUÈ EN SABEM

1 Observeu aquesta finestra de la casa Vicens d'Antoni Gaudí:

a) Quines línies hi identifiqueu? Algunes es creuen. Com?

b) Quines formes geomètriques hi reconeixeu?

2 Observeu aquestes figures planes. Penseu un criteri per classificar-les.

a) Quantes figures diferents hi ha seguint el vostre criteri?

b) Tots heu pensat la mateixa manera de classificar-les?

EXPLOREM

3 Observeu aquestes imatges:

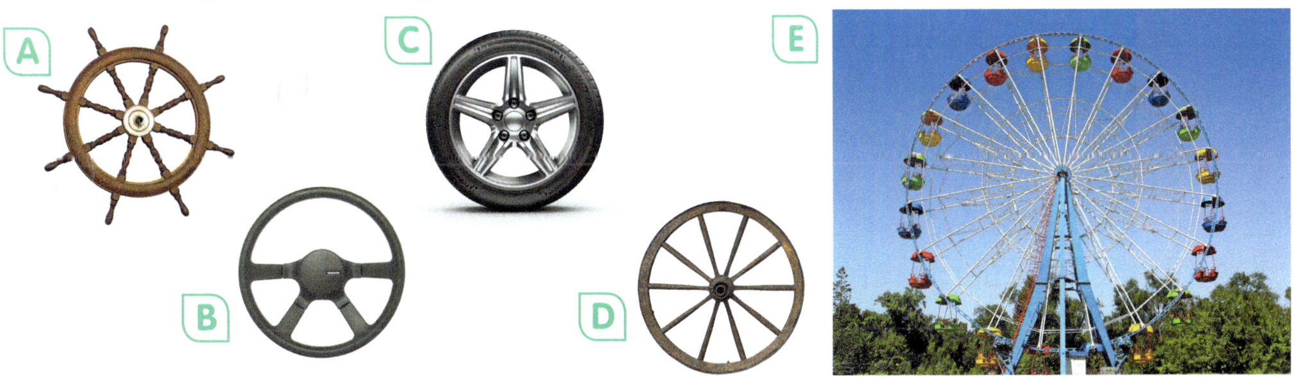

a) Què tenen en comú?

b) Sabeu què és un radi? N'identifiqueu cap a les imatges?

1. RECTES, SEMIRECTES I SEGMENTS

A partir d'una **recta**, podem obtenir una **semirecta** i un **segment**.

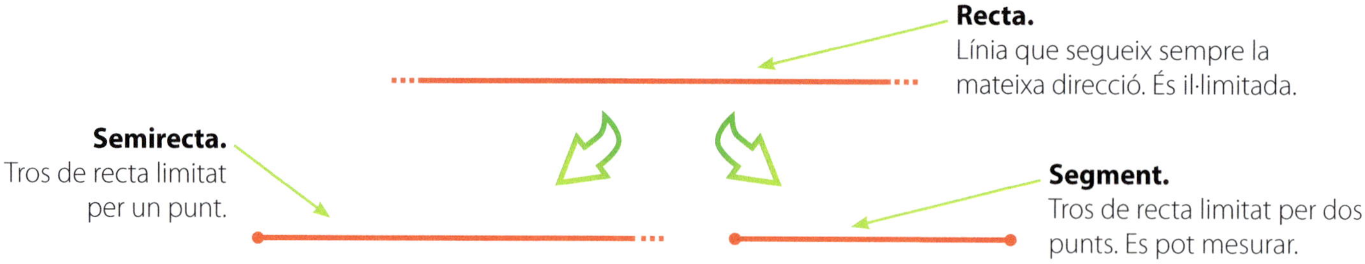

Dues rectes entre elles poden ser paral·leles o secants.

- Rectes paral·leles

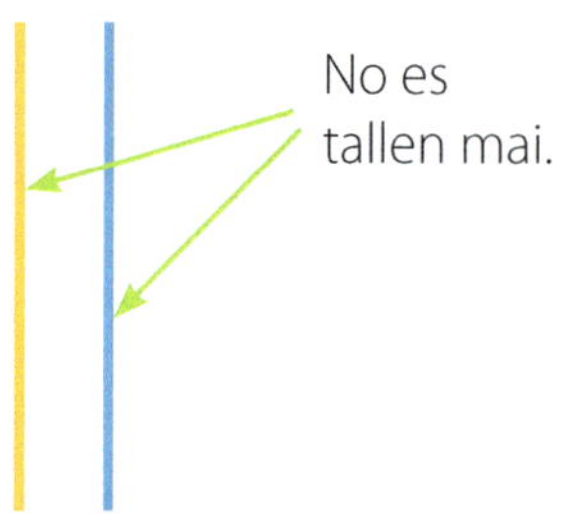

- Rectes secants

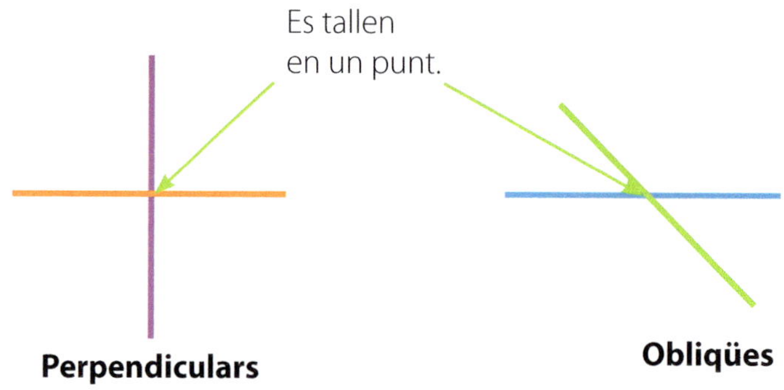

4 Dibuixeu tres segments de la mateixa longitud però en diferents posicions.

5 Dibuixeu dues rectes paral·leles (A) i dues rectes perpendiculars (B):

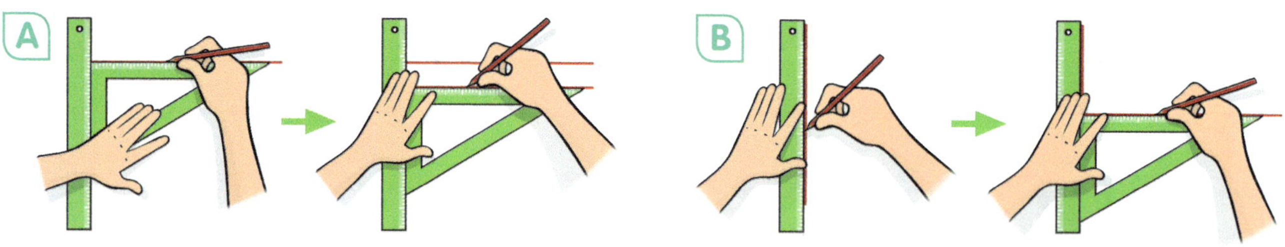

6 Amb un cordill, mesureu els segments de les corbes acuradament:

2. ANGLES

Dues rectes secants determinen quatre angles.

- Rectes perpendiculars
- Rectes obliqües

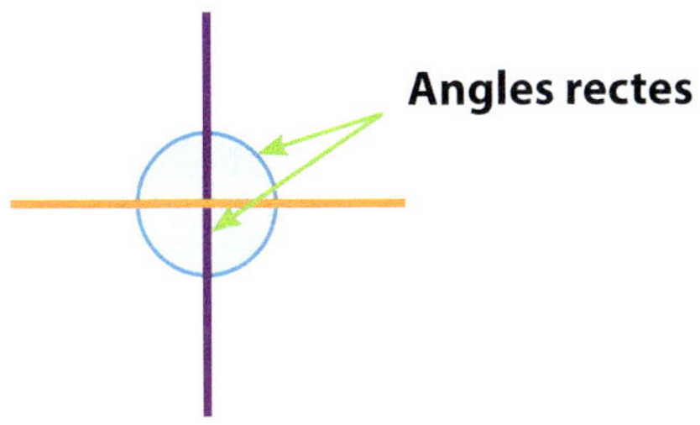

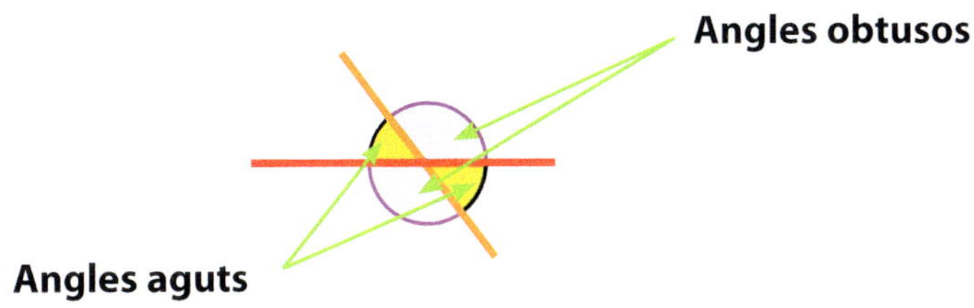

Els angles poden ser:

Angle agut. Fa menys de 90º.

Angle recte. Fa 90º.

Angle obtús. Fa més de 90º i menys de 180º.

Angle pla. Fa 180º. Equival a dos angles rectes seguits.

7 Indiqueu en cada cas com és l'angle que hem format amb el ventall:

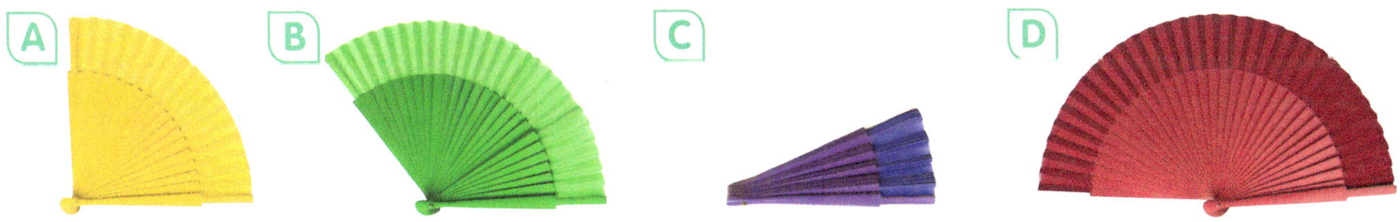

8 Busqueu a la classe angles d'obertures diferents i feu-ne una llista.

9 Les busques del rellotge formen angles. Indiqueu com són aquests angles:

3. LÍNIES OBERTES I TANCADES. REGIÓ I FRONTERA

• Línia oberta i línia tancada

• Línia poligonal oberta i línia poligonal tancada

Quan unim segments successivament, un darrere l'altre, formem una **línia poligonal**. Les línies poligonals poden ser també **obertes** o **tancades**:

> La **regió** que hi ha dins d'una línia poligonal tancada s'anomena **polígon**.

10 Traceu en un rectangle 6 rectes que es tallin.

a) Quantes regions s'han format?

b) Quants segments hi identifiqueu? I quants punts de tall?

11 Busqueu amb quins municipis limita el vostre.

12 Observeu el mapa de Catalunya. Quantes regions hi ha?

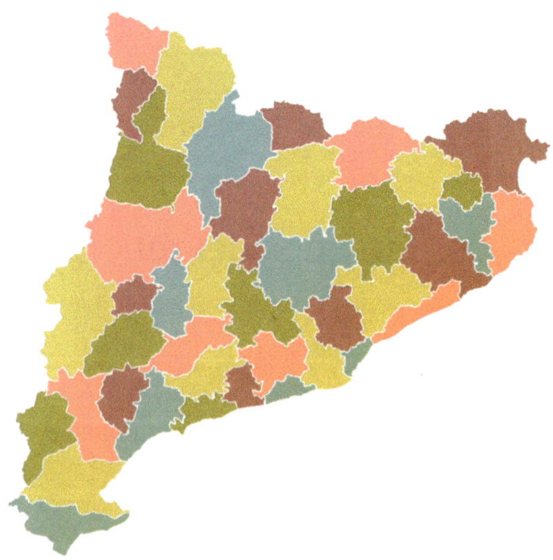

Q Pàgina 19

W Dictats matemàtics

4. ELS POLÍGONS

En un polígon distingim aquests elements:

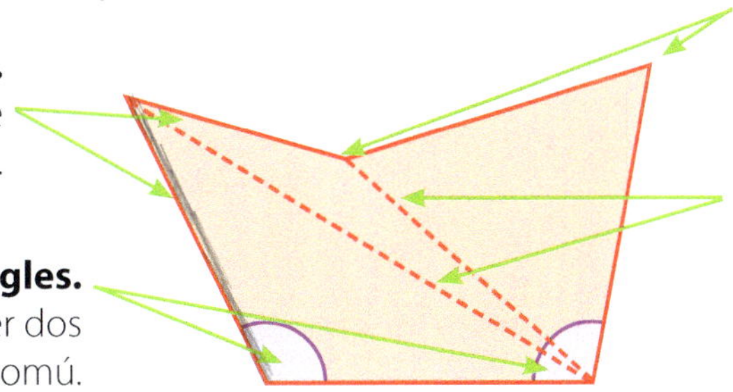

Costats. Segments que limiten el polígon.

Angles. Zona limitada per dos costats amb un vèrtex comú.

Vèrtexs. Punts d'unió de dos costats contigus.

Diagonals. Segments que uneixen vèrtexs no contigus.

El nom del polígon ens indica el nombre de costats i angles que té.

Triangle **Quadrilàter** **Pentàgon** **Hexàgon** **Heptàgon** **Octàgon**

- Polígon regular

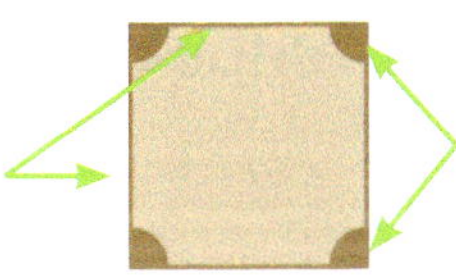

Costats iguals

Angles iguals

- Polígon irregular

Costats desiguals

Angles desiguals

Un **polígon regular** té tots els costats i tots els angles iguals.

13 Indiqueu quina forma té cada element. Quins són polígons regulars?

Octàgon Hexàgon Trapezoide Equilàter Creu

14 En un hexàgon, quantes diagonals hi podeu dibuixar?

Q Pàgina 20

5. ELS TRIANGLES

Classifiquem els triangles segons la longitud dels costats i segons els angles.

- Segons la longitud dels costats
- Segons els angles

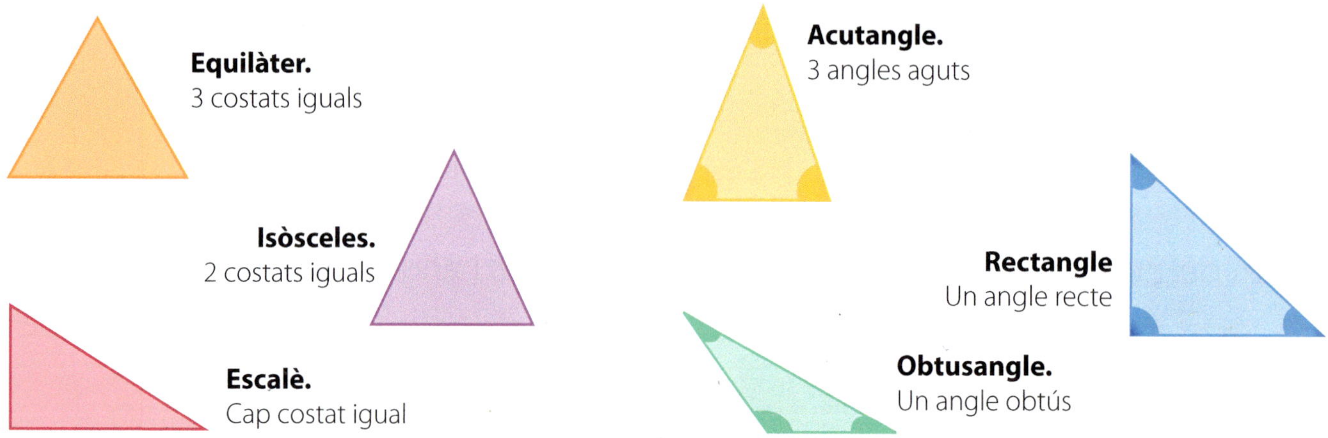

15 Podem traçar un triangle amb regle i compàs coneixent els seus costats:

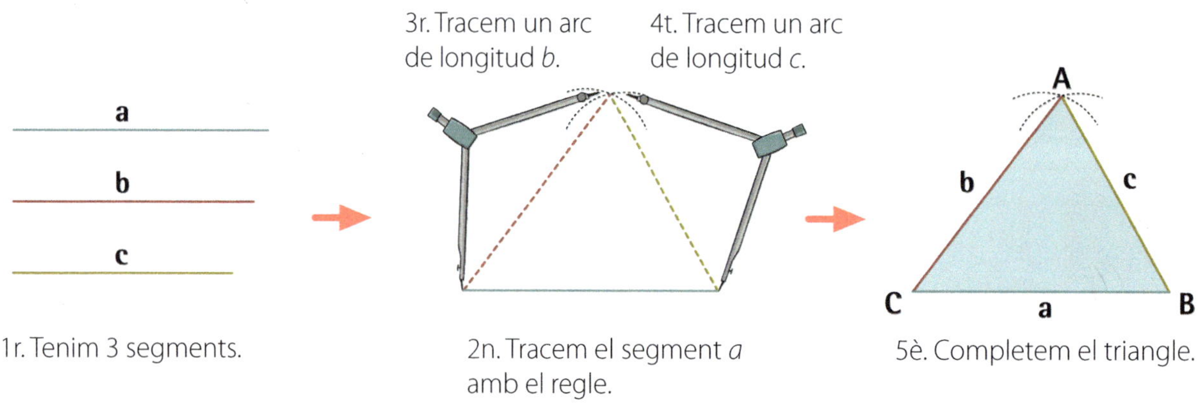

Dibuixeu els triangles següents amb regle i compàs i indiqueu com són:

- 8 cm, 8 cm, 8 cm
- 5 cm, 6 cm, 6 cm
- 7 cm, 8 cm, 9 cm

16 Intenteu dibuixar un triangle de costats 10 cm, 4 cm i 5 cm. Heu pogut? Què passa?

17 Amb el menor nombre de segments possible, dividiu la figura en triangles:

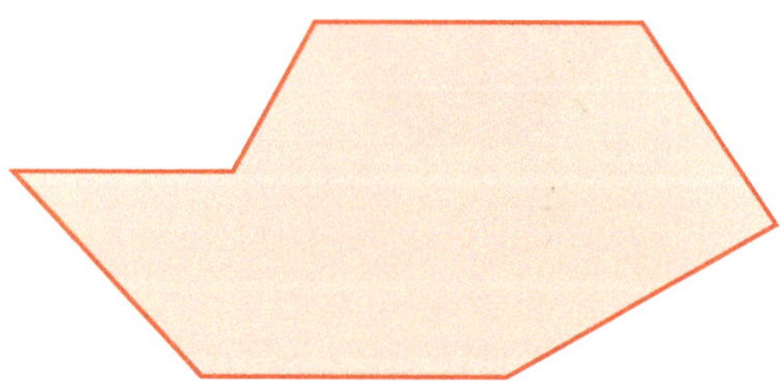

6. ELS QUADRILÀTERS

El quadrilàter és una forma molt freqüent en el nostre entorn. Els principals són:

Quadrat.
4 costats iguals i
4 angles rectes.

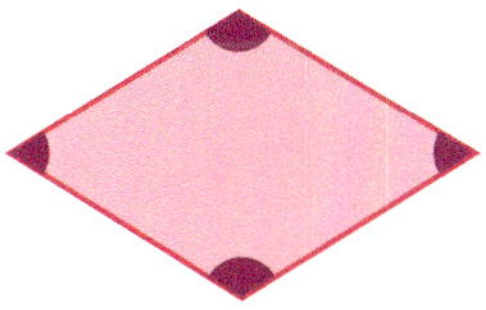

Rombe.
4 costats iguals i
angles no rectes.

Rectangle.
Costats iguals 2 a 2 i
4 angles rectes.

Romboide.
Costats iguals 2 a 2 i
angles no rectes.

Trapezi.
2 costats paral·lels
diferents.

Trapezoide.
Cap costat paral·lel.

18 Identifiqueu les figures que són rombes:

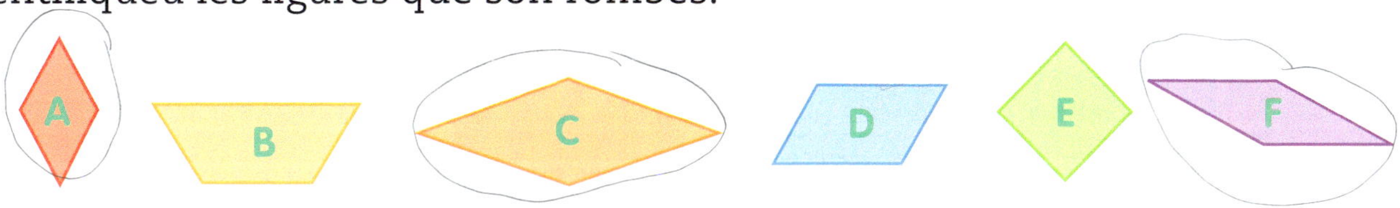

19 Dibuixeu les diagonals d'aquests quadrilàters. Indiqueu en cada cas com són les diagonals:

- Es tallen formant un angle recte o no?
- Són iguals o no?

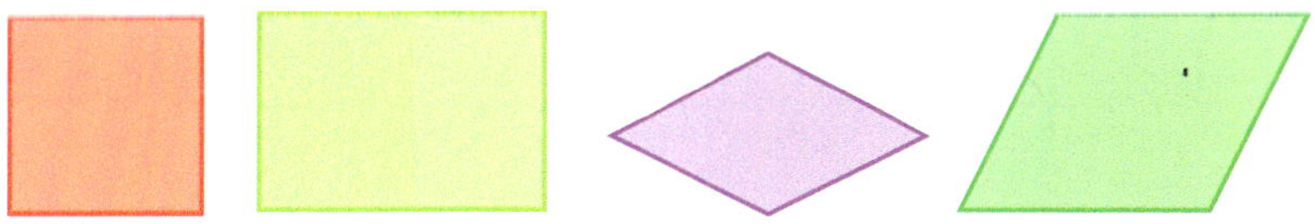

20 Dibuixeu els quadrilàters següents:

- Un quadrat de 5 cm de costat.
- Un rectangle de 5 × 7 cm.
- Un trapezi amb els costats paral·lels de 5 i 7 cm.

21 Quins quadrilàters trobeu a la classe?

Q Pàgines 21 i 22

W Dictats matemàtics

7. PERÍMETRE i ÀREA

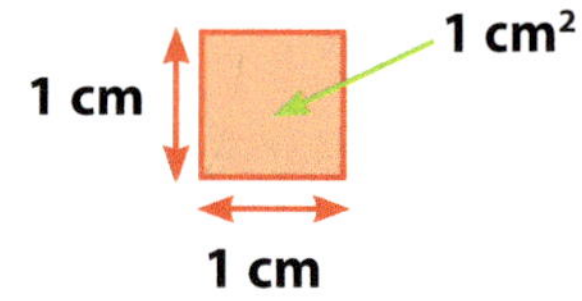

Per mesurar superfícies podem fer servir el **centímetre quadrat** (**cm²**), que és un quadrat d'1 cm de costat.

Cada rectangle està format per 12 quadradets d'1 cm². L'**àrea** és de 12 cm². En canvi, si mesurem el contorn, és a dir, el **perímetre**, obtenim mides diferents.

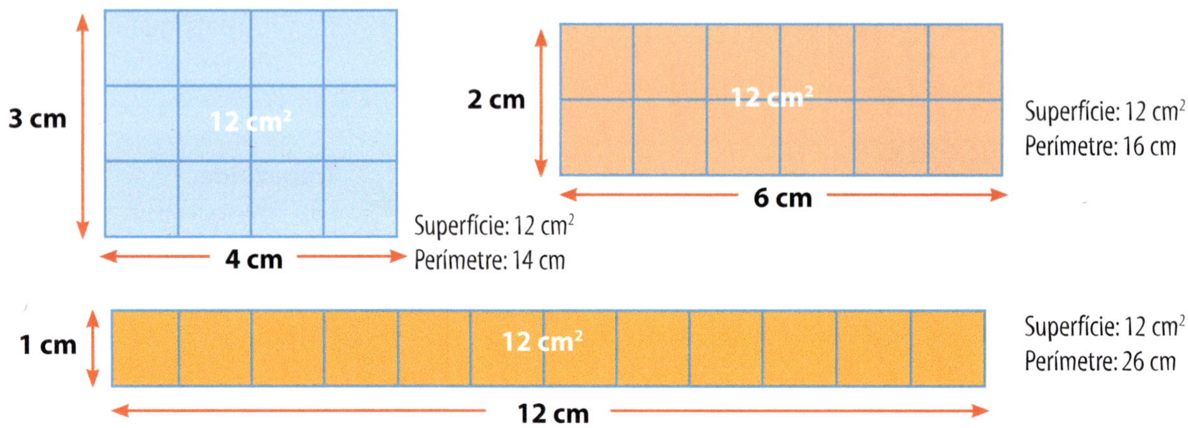

La superfície d'una figura s'anomena **àrea**, i la longitud del seu contorn, **perímetre**.

22 Calculeu la superfície i el perímetre dels rectangles següents.

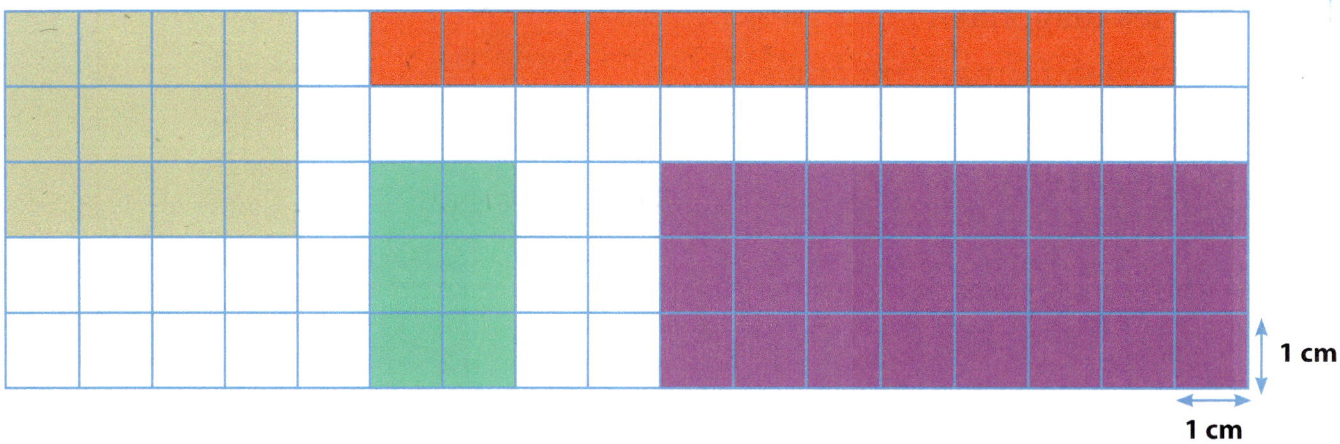

23 Copieu els rectangles anteriors i traceu-hi una diagonal a cada un. Quina superfície té cada un dels triangles que han sortit?

24 Dibuixeu un quadrat i un rectangle de 36 cm². Quin té menys perímetre?

Q Pàgina 23

8. LA CIRCUMFERÈNCIA I EL CERCLE

Hi ha camps que són circulars. Diem que tenen forma rodona.

La superfície és el **cercle**.

El camí que limita el camp és el perímetre o **circumferència**.

El **radi** és el camí que va del centre a l'exterior.

El **centre** és al mig del camp.

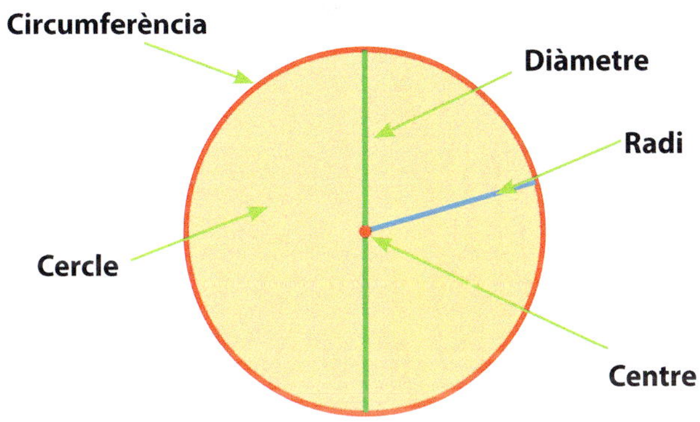

El cercle és una figura plana limitada per una línia anomenada circumferència que està sempre a la mateixa distància del centre.

25 Dibuixeu, des del mateix centre, 3 circumferències de 4, 6 i 7 cm de radi.

26 Al dibuix anterior, traceu-hi un diàmetre a cada circumferència. Pinteu cada regió d'un color diferent. Quantes regions surten?

27 Reproduïu amb compàs aquestes figures:

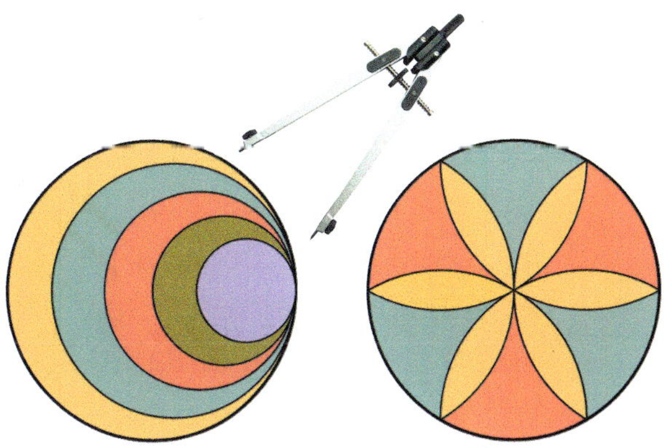

9. EL PLÀNOL

Observeu el plànol de Sitges. Ens serveix per orientar-nos per la població.

Per anar de l'Ajuntament al Museu Romàntic tenim més d'una opció.

L'**escala gràfica** ens permet saber la distància que recorrerem.

Els plànols són dibuixos en dues dimensions de la realitat.

28 A partir del plànol, feu aquestes activitats:

a) Busqueu dos itineraris diferents per anar de l'Ajuntament al Museu Romàntic.

b) Estimeu quina distància recorre la processó. Ajudeu-vos de l'escala gràfica.

c) Proposeu un recorregut per visitar tots els recintes on celebren l'Ou com Balla. Trieu com a punt de partida el Palau Maricel.

d) Arribeu a Sitges amb tren. Indiqueu l'itinerari que seguiríeu per visitar l'exposició de clavells.

Dictats matemàtics

10. LES COORDENADES

Les coordenades ens permeten trobar llocs en aquest plànol de Lleida.

Casella (G, 5)
Estació de tren

La casella intersecció entre una columna i una fila la donem així:

Estació de tren → (G, 5)

La primera coordenada designa la columna.

La segona coordenada designa la fila.

29 Indiqueu les coordenades d'aquests llocs:

- Estació d'autobusos.
- Seu Vella.
- Auditori
- Paeria

30 Què trobem en aquestes caselles:

- (B, 2)
- (D, 2)
- (A, 3)
- (B, 5)

31 Per quines caselles passa el riu Segre?

Q Pàgina 24

ENUNCIAT: Identifiquem la informació no necessària

Identifiqueu quina és la informació no necessària per resoldre el problema.

Aquest any els productors de vi paguen el raïm a 50 ct. el quilo si es cull a mà, i a 45 ct. si es cull a màquina. A partir d'1 kg de raïm poden produir una ampolla de tres quarts de litre. Tinc una finca de 2 hectàrees, i en total he produït 10.000 kg de raïm. Quants diners guanyaré de més si el cullo a mà i no a màquina?

Valorem les dades que apareixen al problema:

- Preu quilo raïm collit a mà: *necessària*.
- Preu quilo raïm collit a màquina: *necessària*.
- Producció de vi a partir d'1 kg de raïm: *innecessària*.
- Extensió de la finca: *innecessària*.
- Quilos produïts de raïm: *necessària*.

32 Identifiqueu la informació no rellevant de cada problema i resoleu-los:

a) Al sabater de l'entrada hi ha 3 parells de sabates del pare, 7 de la mare, 2 del meu germà, 3 de meus i un parell de sabatilles de cada un de nosaltres. Quants parells de sabates i sabatilles tenen en total els pares?

b) Al parc hi ha 17 plàtans, 3 til·lers, 6 moreres i 1 lledoner. Obren de les 8 del matí a les 10 de la nit. A l'hivern, com que hi ha menys llum, tanquen abans, a les 8 del vespre. Quantes hores està obert el parc a l'estiu?

RESOLUCIÓ: Fem representacions geomètriques

Amb 9 escuradents iguals, quants triangles podem fer?

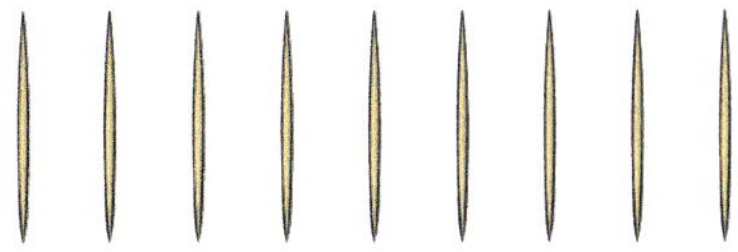

Per fer un triangle necessitem 3 escuradents. Afegint-ne dos cada vegada, augmentem en 1 el nombre de triangles.

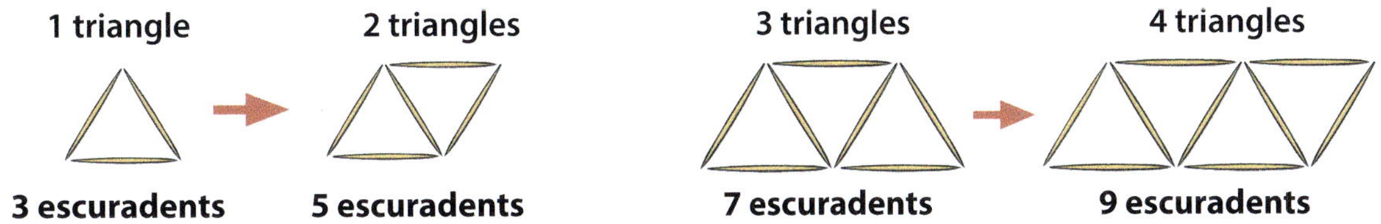

Si ampliem per dalt, obtindrem un triangle més gran:

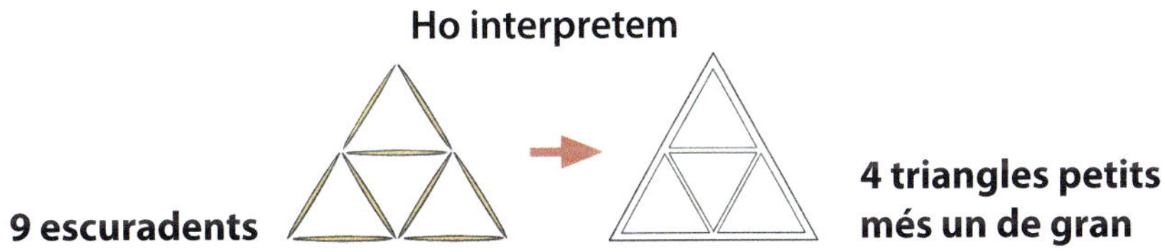

Amb 9 escuradents podem fer 5 triangles.

33 Quants triangles podem fer amb 15 escuradents? Dibuixeu-ho.

34 Quants quadrats podeu fer amb 15 escuradents?

35 Resoleu aplicant les vostres destreses:

Tenim 1 planxa d'escuma de color groc, 2 de color blau i 4 de color vermell. Amb cada planxa podem fer 4 tangrams de 7 peces.

a) Quants tangrams podrem construir en total?

b) Quants triangles vermells tindrem? I blaus?

Q Pàgina 25

W Dictats matemàtics

ESPAi COOPERATiU

Triangles i geoplà

Parelles contra parelles

Cada parella, per torns, busca totes les figures diferents que es poden fer en un geoplà de 3 x 3. Anota un punt per cada figura no repetida.

Necessitem un geoplà, gomes i paper amb geoplans dibuixats. Heu de representar tots els triangles possibles que ocupin una zona de 3 x 3 punts.

Recordeu: dos triangles són iguals si en superposar-los coincideixen.

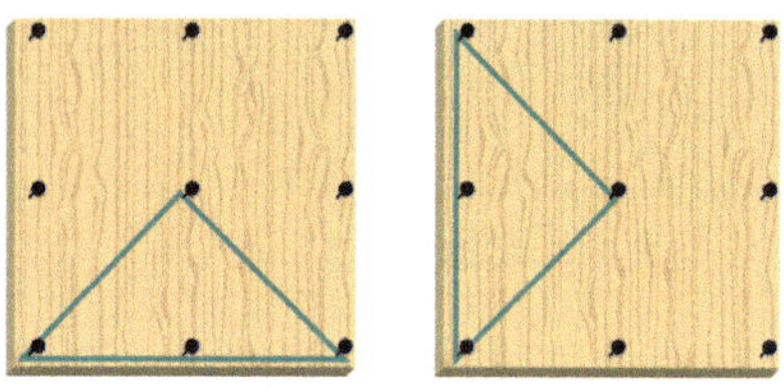

Triangles iguals

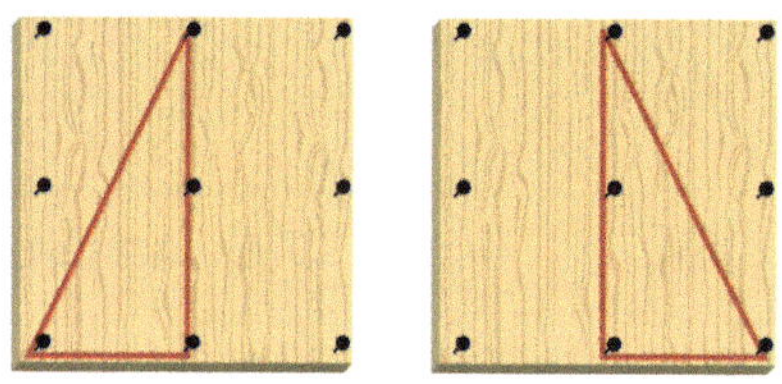

Triangles iguals

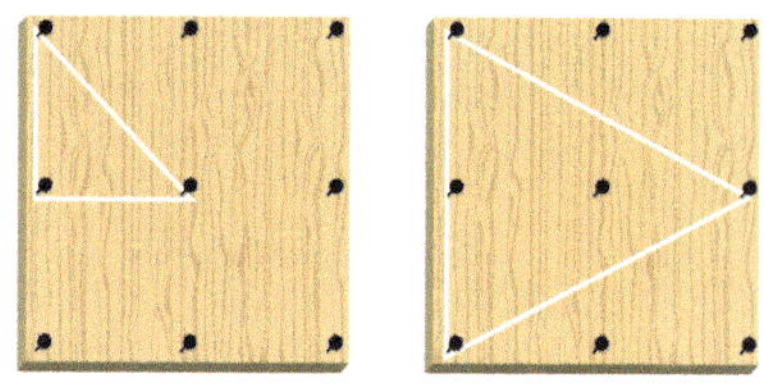

Triangles diferents

36 Seguiu aquests passos per fer l'activitat:

1r. Penseu cada parella una estratègia per construir tots els triangles diferents. Podeu seguir un ordre de gran a petit, fixar un punt i veure tots els triangles que tenen aquest mateix vèrtex, etc.

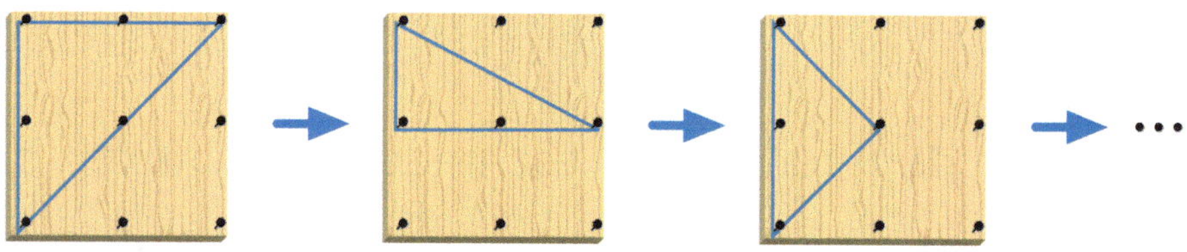

2n. Cada parella proposa un triangle en el geoplà. Si és un triangle diferent dels anteriors, dibuixeu-lo en el paper i anoteu-vos un punt. Si està repetit, perdeu el torn.

3r. Quan hàgiu acabat, compteu els triangles diferents que us han sortit. Després, compareu els vostres resultats amb els dels altres equips.

4t. Podeu fer el mateix amb quadrilàters.

37 Avalueu-vos:

Heu valorat si l'estratègia triada era bona? Ho tornaríeu a fer igual?

Q Pàgina 26

CÀLCUL MENTAL

Sumem i restem centenes completes

200	125	→ 325 = 200 + 125

- Centena completa: 200
- Sumem: 200 + 125 = 325

637	400	→ 237 + 400 = 637

- Centena completa: 400
- Restem: 637 − 400 = 237

38 Completeu:

....	344	100
....	500	128
....	128	300
....	700	325
454	254	....
346	....	146
933	....	233
1.115	715	....
792	600	....
1.275	....	400

39 Quant cal sumar o restar per arribar a la centena completa més propera?

315 • 565 • 1.210 • 4.555 • 1.781 • 970 • 937 • 523 • 342

40 Completeu per arribar a la centena completa més propera:

- 2 + 48 + ... = ...
- 17 + 3 + ... = ...
- 98 + 78 + ... = ...
- 40 + 95 + ... = ...
- 305 + 18 + ... = ...
- 120 + 75 + ... = ...

41 Trieu el bitllet adequat per pagar cada producte. Quin canvi us tornaran?

175 €

375 €

485 €

96 €

17 €

W El joc del càlcul

Mesurem superfícies

En aquesta adreça trobareu 10 situacions en què heu de comparar superfícies.

www.e-cruilla.cat/superficies

Per passar d'una figura a una altra heu de clicar sobre el nombre.

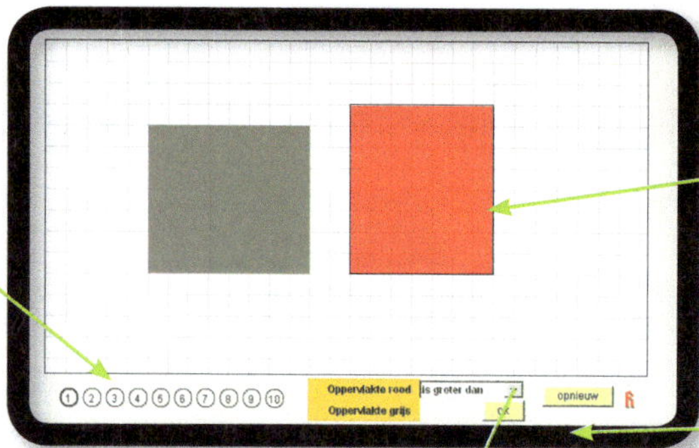

Clicant sobre la figura vermella la podeu superposar sobre la grisa. Prement el punt groc que apareixerà la podreu girar.

Validеu la vostra opció.

Desplegueu el quadre de diàleg i trieu l'opció adequada.

Superfície vermella

Superfície grisa

És més gran que...

És més petita que...

És igual de gran que...

42 Resoleu les situacions que planteja l'aplicació.

43 Determineu la superfície de cada una de les figures vermelles. Com a unitat de mesura utilitzeu un quadradet.

44 Dibuixeu, per a cada figura, una altra de la mateixa superfície.

HE APRÈS

1 Quina línia descriu la trajectòria de la pilota?

Una recta

2 Com són aquests angles?

3 Dibuixa aquestes figures:

- Un triangle equilàter de 5 cm de costat.
- Un rectangle de 24 cm de perímetre.
- Un triangle obtusangle.
- Un quadrat de 5 cm de costat.

4 Observa les figures. Indica'n el nom i les seves característiques.

A: Trapezi, 2c paral·lels i diferents
B: Hexàgon, 6c igals
C: Trapezoide, cap costat paral·lel
D: Octàgon, Té 8 costats iguals
E: Rombe, 4c iguals i no angles rectes

5 A l'escola hi ha 262 nenes i 209 nens. També hi ha 21 mestres que són dones i 9 mestres que són nois, i també 4 educadores. Quants alumnes hi ha en el centre?

6 Indica el nom de les figures que es troben en aquestes coordenades:

- (B, 1)
- (F, 2)
- (E, 3)
- (G, 4)
- (A, 5)
- (D, 5)

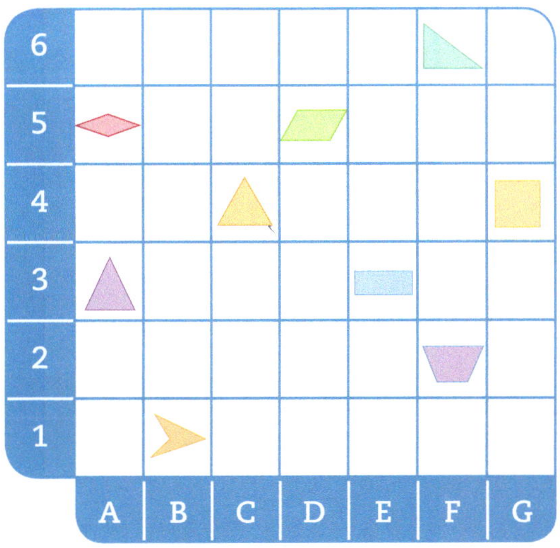

7 Indica les coordenades dels triangles:

- Triangle equilàter. 4C
- Triangle escalè. 6F
- Triangle isòsceles. 3A

Autoavaluació

PROJECTE

EL JOC DE LES XiFRES ROMANES

Podem jugar amb els nombres romans.

Què necessiteu

- Cartolina.
- Tisores.
- Retoladors.
- Una carta de plantilla.

Com ho fareu

1r Practiqueu primer. El sistema romà utilitza aquestes set xifres.

1 5 10 50 100 500 1.000

Les regles de combinació són aquestes:

– Les xifres s'ordenen de valor més gran a valor més petit. El valor del nombre és el resultat de sumar el valor de cada xifra.

→ 1.000 + 100 + 5 = 1.105

– La xifres I, X, C i M es poden repetir fins a tres vegades seguides. Les xifres V, L i D no es poden repetir.

→ 30

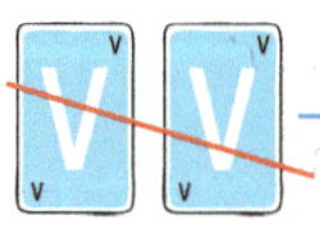

→

– Les xifres I, X i C poden restar:

- La xifra I a l'esquerra de V i X resta el seu valor (1) al valor de V i X:

  I V → 5 – 1 = 4   I X → 10 – 1 = 9

- La xifra X a l'esquerra de L i C resta el seu valor (10) al valor de L i C:

  X L → 50 – 10 = 40   X C → 100 – 10 = 90

- La xifra C a l'esquerra de D i M resta el seu valor (100) al valor de D i M:

  C D → 500 – 100 = 400   C M → 1.000 – 100 = 900

a) Escriviu aquests nombres en xifres romanes:

33 • 100 • 48 • 1.000 • 357 • 1.005 • 49 • 94

b) Expresseu aquests nombres en xifres indoaràbigues:

LXVII • CCCXXXII • MDCLVII • MMXV • MCMXCVIII

c) En aquesta adreça podeu fer conversions de nombres:

www.e-cruilla.cat/nombresromans02

2n **Un cop hàgiu practicat, dividiu la classe en un nombre parell de grups (6 o 8 grups) de tres o quatre companys cada grup.**

Cada grup prepara 10 cartes de xifres romanes: les set del sistema romà més tres de repetides que cada grup triarà al seu criteri. També cal retallar 10 cartes més que al principi estaran en blanc.

En una partida hi participen dos equips. Alternativament, cada equip proposa escriure un nombre inferior a 4.000. Feu 5 rondes (10 nombres).

– Cada equip ha d'escriure el nombre proposat amb les cartes de què disposa. Si a un equip li falta una o més xifres per completar el nombre proposat, ha de crear les cartes addicionals corresponents i incorporar-les.

– Guanya l'equip que hagi creat menys cartes quan acaba la partida.

4 LA DIVISIÓ

Significat de la divisió. Divisions exactes i inexactes. La mitjana aritmètica

QUÈ EN SABEM

1 Tenim 24 pomes. Podem envasar-les en paquets de 4 unitats, de 6 o de 8. Quants paquets de cada tipus podrem fer amb aquestes pomes?

Paquets de 4

Paquets de 6

Paquets de 8

2 Quatre amics han dinat al restaurant i aquesta és la factura de la consumició.

a) Quin és l'import de la factura?

b) Entre quantes persones han de repartir el cost?

c) Com calcularan el que ha de pagar cadascú?

LA QUEIXALADA

UN.	CONCEPTE	PREU (€)	IMPORT (€)
4	MENÚS	12	48
1	AIGUA	3	3
1	VI	9	9
3	CAFÈ	2	6
TOTAL			66

EXPLOREM

3 Aquests són els naixements comptabilitzats en un hospital en una setmana.

a) Quin dia han nascut més nadons? I menys?

b) Quants naixements s'han produït durant la setmana?

c) Imagineu que els naixements s'haguessin repartit de manera uniforme durant els set dies. Quants se n'haurien produït cada dia?

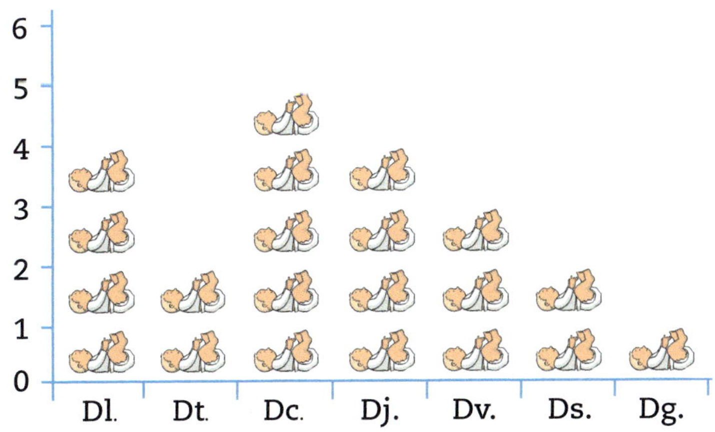

1. REPARTIM EN PARTS IGUALS

Volem repartir 84 preses de xocolata entre 6 amics. Com ho podem fer?

Si dividim, tenim:
84 : 6 = 14 preses de xocolata

> Quan volem repartir en parts iguals una quantitat, fem una **divisió**.

4 Calculeu-ho de dues maneres, fent repartiments i dividint:

a) Volem repartir 24 bales entre 3 amics. Quantes en toquen a cadascú? 8

b) Hem repartit 72 xocolatines en 6 pots. Quantes en van a cada pot? 12

5 Tenim nous. Podem fer pilons de 4 nous i de 5 nous sense que en sobri cap. En tenim menys de 25. Quantes en tenim?

6 Construïm un joc de *Memory* amb 24 fitxes.

a) Dibuixeu totes les maneres de col·locar-les formant un rectangle.

b) Feu el mateix amb 30 fitxes.

Q Pàgina 27

2. ELS TERMES DE LA DIVISIÓ

Entre 4 amics volen regalar un patinet que val 38 €. Quants diners ha d'aportar cadascú?

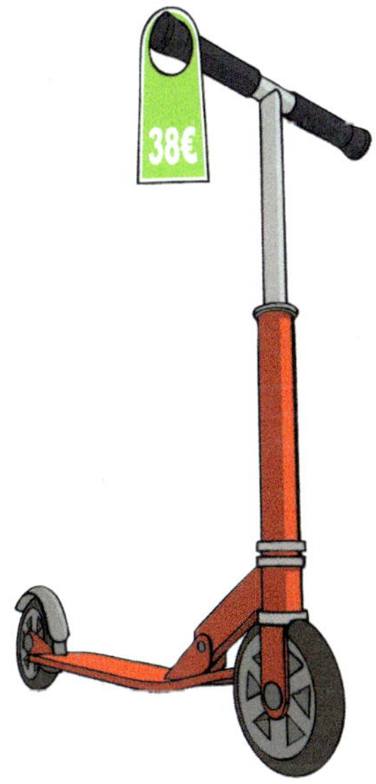

Dividend (D). Quantitat que dividim.

Divisor (d). Nombre de parts que hem de fer.

```
38 |4
 2   9
```

Residu (R). Quantitat que no es pot repartir.

Quocient (Q). Cada una de les parts.

Si cadascú dóna 9 €, recolliran 36 € i els en faltaran 2.

Els termes de la divisió són el **dividend** (D), el **divisor** (d), el **quocient** (Q) i el **residu** (R).

7 Indiqueu el dividend, el divisor, el quocient i el residu d'aquestes divisions:

```
a) 93 |4      b) 83 |5      c) 72 |6      d) 61 |3
   13  23        33  16        12  12        01  20
    1             3             0             1
```

8 Indiqueu en cada cas quin terme falta:

```
a) 63 |4      b) 77 |....   c) .... .... |2   d) 95 |8
   23  ....      07  11           05  32         15  11
    3             0                1             ....
```

9 Ⓦ Volem repartir aquestes quantitats de diners. Indiqueu, en les divisions que cal fer, el dividend i el divisor:

A

Entre 6 persones.

B

Entre 4 persones.

C

Entre 10 persones.

3. LA DIVISIÓ I LA RESTA

Repartim una a una les 48 cartes de la baralla espanyola entre 6 jugadors.

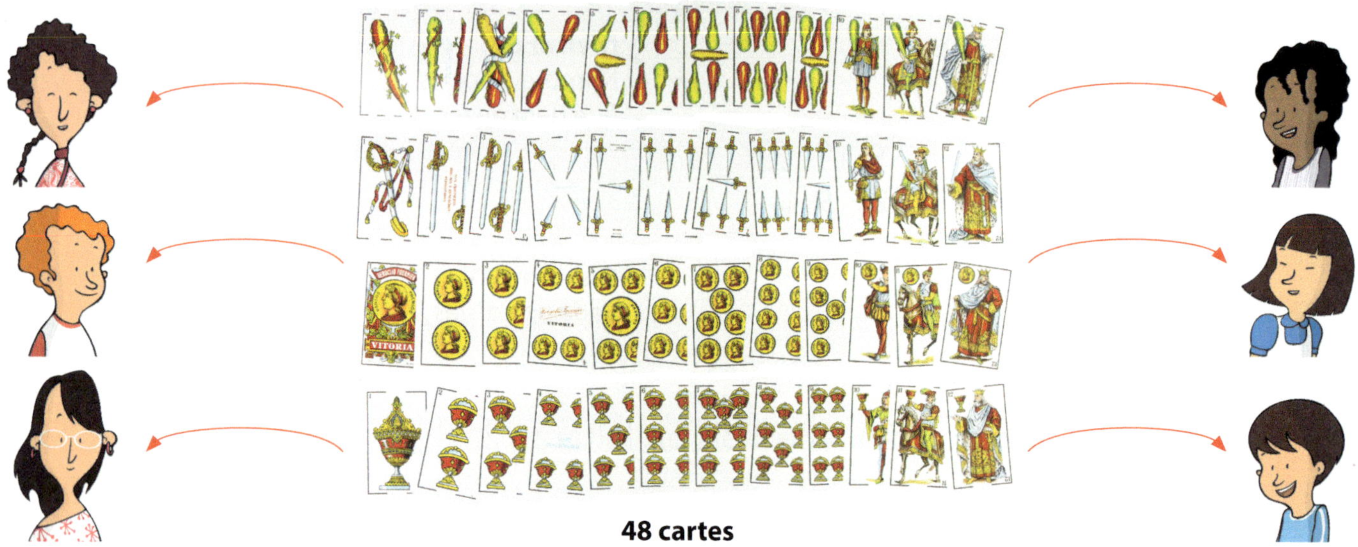

48 cartes

En cada ronda restem 6 cartes del piló.

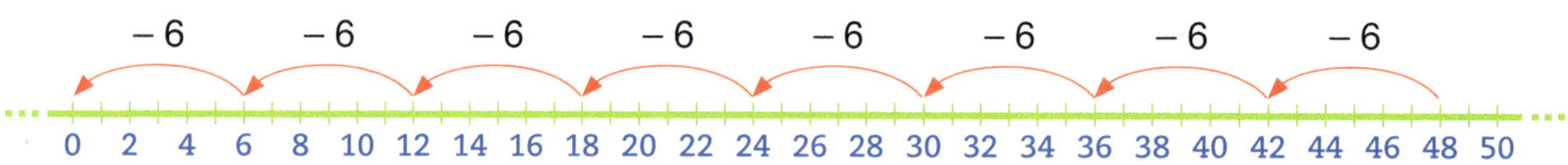

Hem fet 8 rondes. A cadascú li toquen 8 cartes.

> El **quocient** és el nombre de vegades que el **divisor** es pot **restar** del **dividend**.

10 Calculeu el resultat d'aquestes divisions fent restes:

- 78 : 6
- 125 : 25
- 224 : 16
- 348 : 58
- 437 : 19

11 Tinc a la guardiola 288 € per pagar cada mes 18 € de quota mensual de la piscina. Quants mesos podré anar a la piscina? Us ajudarà aquest quadre.

Mes	GEN	FEB	MAR	
Diners que tinc	288 €	270 €		
Quota	–18 €	–18 €		
Saldo	270	....		

W Dictats matemàtics

4. LA DIVISIÓ I LA SUMA

Tenim 24 boles de ping-pong i les volem empaquetar en paquets de 6. Quants paquets farem?

Podem fer successivament paquets de 6:

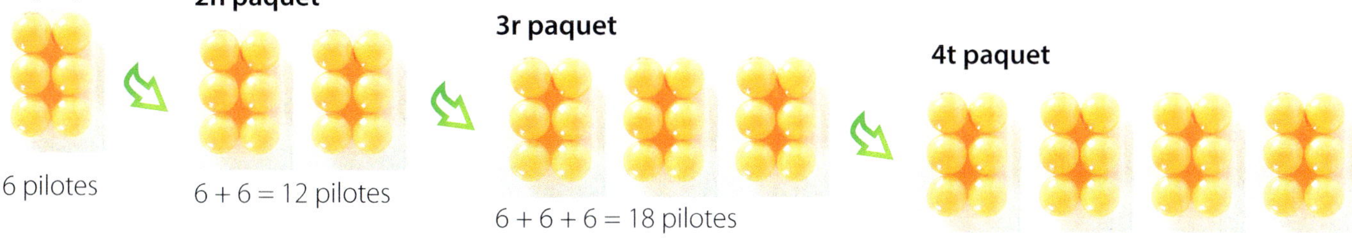

1r paquet — 6 pilotes

2n paquet — 6 + 6 = 12 pilotes

3r paquet — 6 + 6 + 6 = 18 pilotes

4t paquet — 6 + 6 + 6 + 6 = 24 pilotes

El 6 cap en el 24 quatre vegades. També hauríem pogut consultar la taula del 6:

×	1	2	3	4	5	6	7	8	9	10	11	12
6	6	12	18	24	30	36	42	48	54	60	66	72

El 6 cap en el 24 quatre vegades.

12 Calculeu, fent sumes successives, quantes vegades cap el nombre:

- 3 en 27.
- 7 en 84.
- 5 en 100.
- 12 en 144.
- 8 en 72.
- 6 en 78.
- 4 en 56.
- 15 en 195.

13 Hem de repartir 63 bombons entre 9 persones. Quants bombons tocaran a cadascú? Utilitzeu la taula del 9.

×	1	2	3	4	5	6	7	8	9	10	11	12
9	9	18	27	36	45	54	63	72	81	90	99	108

14 Volem col·locar 292 ous en oueres de 12 unitats. Quantes oueres necessitarem?

Q Pàgina 28

5. DIVISIÓ I MULTIPLICACIÓ

Hem comprat 27 pilotes i ens han costat 162 €. Quant costa cada pilota?

Per saber el preu d'una pilota, buscarem per quin nombre hem de multiplicar 27 per obtenir 162. Provem successivament:

$27 \times 1 = 27$
$27 \times 2 = 54$
$27 \times 3 = 81$
$27 \times 4 = 108$
$27 \times 5 = 135$
$27 \times 6 = 162$ ← **Preu de les pilotes**

Per obtenir 162 hem de multiplicar 27 per 6. Així doncs, cada pilota val 6 €.

> Dividir un nombre (dividend) per un altre (divisor) és buscar per quin nombre s'ha de multiplicar el divisor per obtenir el dividend.

15 Calculeu, provant successivament, quantes vegades cap el nombre:

- 2 en 10.
- 4 en 44.
- 7 en 49.
- 9 en 63.

16 Determineu per quin nombre hem de multiplicar en cada cas:

- 7 per obtenir 105.
- 12 per obtenir 144.
- 8 per obtenir 160.
- 23 per obtenir 230.
- 50 per obtenir 200.
- 15 per obenir 255.

17 Calculeu en cada cas el nombre que falta:

- .... × 5 = 15
- .... × 5 = 40
- .... × 5 = 200
- .... × 5 = 120

18 Un carregament de 42 síndries pesa 252 kg. Quant pesa una síndria?

Q Pàgina 29

6. DIVISIONS EXACTES I NO EXACTES

Tenim 40 caramels.

Divisió exacta

Els repartim en bosses de 10 unitats.

$$\begin{array}{r|l} 40 & 10 \\ \hline 0 & 4 \end{array}$$

Fem la prova de la divisió:

$4 \times 10 + 0 = 40$

Divisió no exacta

Els repartim en bosses de 6 unitats.

$$\begin{array}{r|l} 40 & 6 \\ \hline 4 & 6 \end{array}$$

Fem la prova de la divisió:

$6 \times 6 + 4 = 40$

Per saber si una divisió està bé, podem fer la prova de la divisió:

> Dividend = Divisor x Quocient + Residu

19 Indiqueu si són exactes o no exactes aquestes divisions:

- 48 : 6
- 36 : 5
- 71 : 8
- 43 : 7
- 26 : 3
- 16 : 2
- 41 : 4
- 88 : 8

20 Feu la prova de cada divisió per saber si estan bé o no:

a) $$\begin{array}{r|l} 68 & 5 \\ \hline 18 & 13 \\ 0 & \end{array}$$

b) $$\begin{array}{r|l} 216 & 7 \\ \hline 06 & 31 \\ 9 & \end{array}$$

c) $$\begin{array}{r|l} 304 & 4 \\ \hline 24 & 76 \\ 1 & \end{array}$$

d) $$\begin{array}{r|l} 502 & 6 \\ \hline 22 & 84 \\ 2 & \end{array}$$

W Dictats matemàtics

7. DIVISIONS PER NOMBRES D'UNA XIFRA

Dividim 263 per 6:

1. Separem la primera xifra. És més petita que 6 → 263 | 6

2. Separem una segona xifra. → 263 | 6

3. Busquem el nombre que multiplicat per 6 s'acosta o iguala 26:

   4 × 6 = 24 → quocient 4

4. De 24 a 26 n'hi van 2. → 263 | 6 ; residu parcial 2, quocient 4

5. Baixem una xifra. → 263 | 6 ; 23, quocient 43

6. Busquem el nombre que multiplicat per 6 s'acosta o iguala 23:

   3 × 6 = 18

7. De 18 a 23 n'hi van 5. És el **residu**. → 263 | 6 ; 23, quocient 43 ; residu 5

21 Feu les divisions i comproveu-les amb la prova de la divisió:

- 264 : 4
- 305 : 7
- 427 : 5
- 813 : 6
- 777 : 8

22 Feu aquestes divisions. Què observeu?

- 652 : 4
- 653 : 4
- 654 : 4
- 655 : 4
- 656 : 4

23 Escriviu la divisió que hem de fer en cada repartiment:

a) 84 ous en capses de 6 ous.

b) 148 cromos entre 8 nens.

c) 42 clavells en 3 gerros.

d) 45 pastissets entre 9 amics.

8. DIVISIONS PER NOMBRES DE DUES XIFRES

Dividim 4.291 per 31:

1. Separem dues xifres. → 4291 | 31

2. 31 × 1 = 31. S'acosta a 42 → 1

4291 | 31

3. De 31 a 42 n'hi van 11. → 11   1

4291 | 31

4. Baixem una xifra. → 119   13 ← 5. 31 × 3 = 93. S'acosta a 119.

Us ajudaria fer aquesta taula:
31 × 1 = 31
31 × 2 = 62
...
31 × 9 = 279

4291 | 31
119   13

6. De 93 a 119 n'hi van 26. → 26

4291 | 31
119   138 ← 8. 31 × 8 = 248. S'acosta a 261.

7. Baixem una xifra → 261

4291 | 31
119   138
261

9. De 248 a 261 n'hi van 13. És el residu. → 13

24 Feu les divisions i després feu-ne la prova:

- 457 : 32
- 3.207 : 62
- 6.445 : 43
- 14.577 : 84

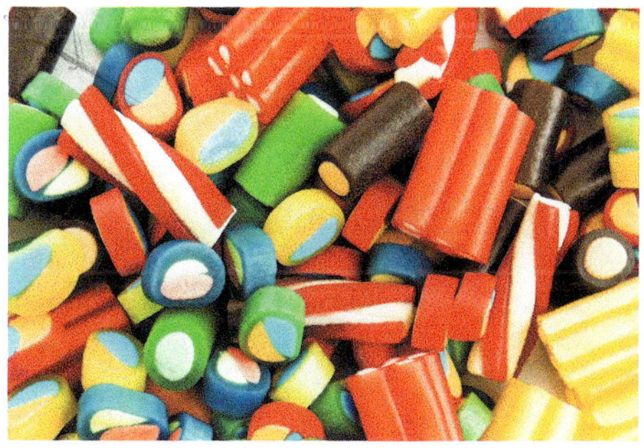

25 Hem envasat 540 caramels en paquets de 12 unitats. Quants paquets hem fet?

Q Pàgina 30

9. DIVISIÓ PER DEFECTE I DIVISIÓ PER EXCÉS

• Divisió per defecte

Volem repartir 27 galetes entre 4 nens.

27 : 4 = 6 i residu 3

Repartirem 6 galetes a cada nen i en sobraran 3.

Hem fet una **divisió per defecte**.

4 nens

27 galetes

• Divisió per excés

Quantes taules de 6 persones calen al menjador per als 147 alumnes del centre?

147 : 6 = 24 i residu 3

Queden 3 nens sense taula. Necessitarem per a ells una taula més. En total calen 25 taules.

Hem fet una divisió **per excés**.

147 nens

Taules de 6 places

26 Resoleu les situacions següents. Indiqueu en cada cas si és una divisió per excés, per defecte o exacta.

a) Quantes capses de 12 ous necessitarem per col·locar 96 ous?

b) Quantes truites de 6 ous puc fer amb 70 ous?

c) Ens han demanat que endrecem els gots del menjador en capses de 24. Si hem d'endreçar 347 gots, quantes capses necessitarem?

d) Quants autocars de 53 places calen per anar d'excursió els 128 alumnes de quart del centre?

e) He d'endreçar els mitjons i tinc capses on puc posar 6 parells a cada una. Si he de guardar 40 parells de mitjons, quantes capses fan falta?

W Dictats matemàtics

10. DIVISIÓ PER LA UNITAT SEGUIDA DE ZEROS

Dividim 5.300 entre 100. Ho fem amb l'àbac pas a pas:

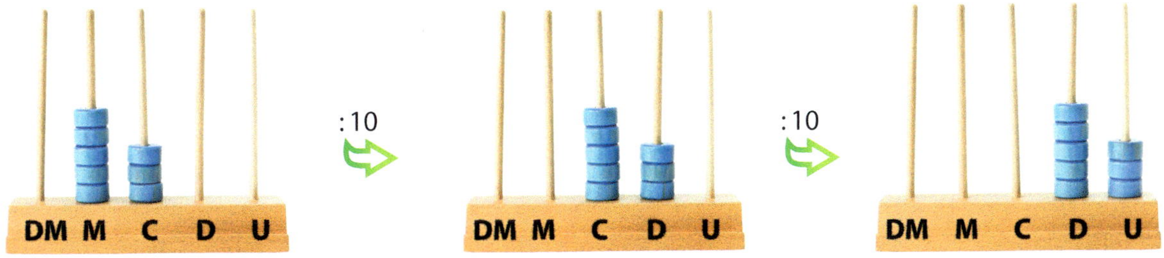

– Si baixem les xifres un ordre, convertim els milers en centenes, i les centenes en desenes.

5.300 : 10 = 530

– Si baixem les xifres dos ordres, l'estem dividint per 100.

5.300 : 100 = 53

DM	UM	C	D	U	: 100	DM	UM	C	D	U
	5	3	0	0					5	3

> **i** Per dividir un nombre acabat en zeros per la unitat seguida de zeros (10, 100, 1.000...), eliminem en el dividend tants zeros com tingui el divisor.

27 Calculeu:

- 3.410 : 10
- 400 : 100
- 3.400 : 10
- 5.010 : 10
- 8.000 : 1.000
- 10.020 : 10
- 20.000 : 100
- 1.900 : 100

28 Completeu amb el terme que falta:

- 720 : 10 = 72
- 12.000 : 100 = 1.200
- 32.000 : 1.000 = 32
- 1.000 : 100 = 10
- 1203 : 10 = 1.203
- 11 : 10 = 11
- 90.200 : 100 = 902
- 62.100 : 100 = 621

11. QUÈ ÉS LA MITJANA

Hem repartit 30 galetes entre 5 amics de la manera següent:

Volem que tots tinguin les mateixes galetes. Per saber quantes en toquen, les posem en columna i anivellem les alçades:

Toquen 6 galetes a cadascú. El 6 és la **mitjana aritmètica**.

29 Al barri hem jugat a trencar l'olla. L'Arnau, la Jessé, l'Eli i jo ens hem posat d'acord a agafar només cotxets, caramels i globus i després repartir-nos-ho entre tots a parts iguals. Ho hem arreplegat així:

	Arnau	Jessé	Eli	Jo
Cotxets	2	0	4	2
Caramels	7	12	2	5
Globus	4	6	4	2

a) Quantes sorpreses de cada toquen a cada u?

b) Expliqueu com ho heu fet per calcular-ho.

12. CÀLCUL DE LA MITJANA

El diagrama mostra el nombre de racions de fruita i verdura que la Laia ha menjat en una setmana. Quantes racions prendria al dia si mengés sempre igual?

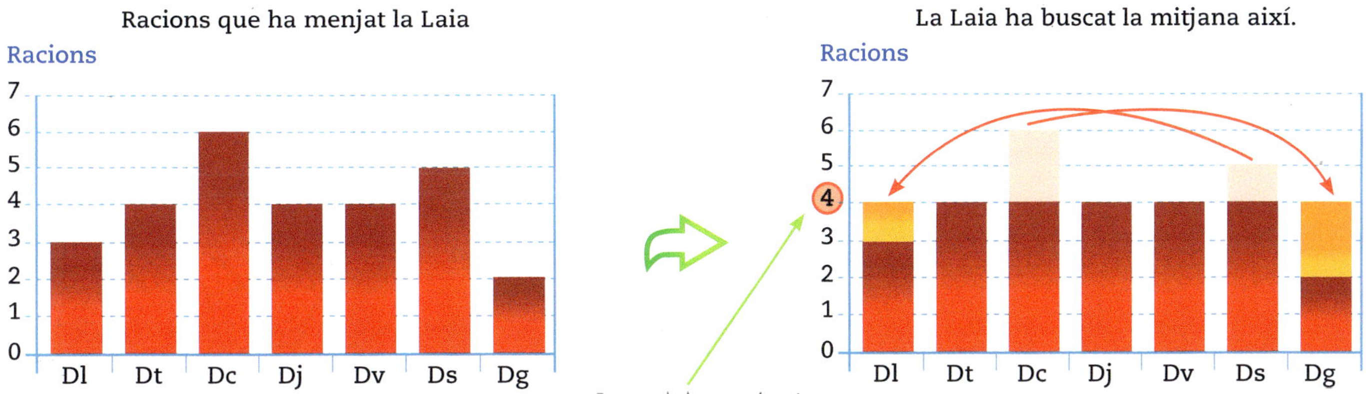

La mitjana és 4.

Per calcular la mitjana aritmètica d'un seguit de dades, les sumem totes i dividim el resultat entre el nombre de dades que tenim.

Racions que menja la Laia en 7 dies		Mitjana diària
3 + 4 + 6 + 4 + 4 + 5 + 2 = 28	⇨	28 : 7 = 4 racions al dia

Per calcular la **mitjana aritmètica**, sumem les freqüències de cada element i ho dividim tot pel nombre d'elements que hi ha.

30 Quina és la mitjana de les vegades que em rento les mans cada setmana?

Dia	Dl	Dt	Dc	Dj	Dv	Ds	Dg
Nre. rentades de mans	4	4	5	4	6	7	5

31 Quina és la mitjana diària del consum de fruita i verdura d'una classe si els alumnes mengen aquestes racions?

Racions diàries	1	2	3	4	5
Nre. alumnes	3	5	11	5	3

Q Pàgina 31

TALLER DE PROBLEMES

ENUNCIAT: Completem l'enunciat d'un problema

Indiqueu quina informació falta per poder resoldre el problema:

He anat a comprar una barra de pa amb un bitllet de 5 €. Quant m'han tornat de canvi?

a) L'hora que he anat al forn.

b) El pes de la barra de pa.

c) El preu de la barra de pa.

La situació és una compra. Sabem el que hem donat i ens demanen el canvi:

? → Bitllet de 5 € → Canvi

La informació que ens falta és el preu de la barra de pa, és a dir, l'opció c.

La informació que afegirem és: *La barra de pa val 2 €.*

32 Indiqueu per al problema següent la informació que falta:

Per a la meva festa d'aniversari, el pare ha comprat 17 gelats. Quant han costat?

a) Quant val un gelat. b) Quants nens hi ha. c) Quants anys faig.

33 Indiqueu per a cada problema la informació que falta.

a) La Nayra ha tardat 15 minuts per fer el recorregut de l'escola a casa. A quina hora ha arribat a casa?

b) La dependenta ha de col·locar 18 xocolatines a cada capsa. Quantes capses necessita?

RESOLUCIÓ: Pensem un problema més senzill

Una nau industrial fa 120 m d'ample per 200 m de llarg. Les finestres, de 2 m d'amplada, estan situades a les parets llargues i separades entre elles 2 m, excepte a les cantonades, que ho estan 1 m. La porta se situa en una paret curta.

Com que la nau és molt gran, n'imaginem una 10 vegades més petita:

En aquesta nau simplificada hi ha 10 finestres, 5 a cada banda. En la nau real hi haurà 10 vegades més finestres:

$10 \times 10 = 100$ finestres

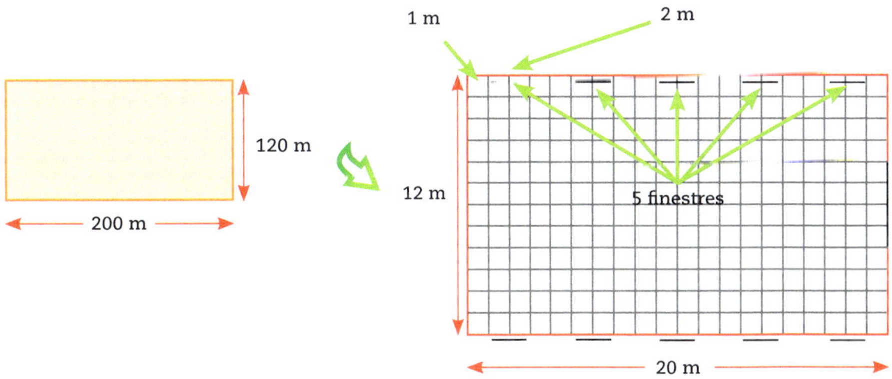

34 La nostra escola té forma rectangular. Fa 90 m d'ample per 120 m de llarg. El Dia Escolar de la Pau hem decidit fer una cadena que l'envolti. Hem comptat que 2 alumnes cobreixen 3 m. Quantes persones necessitem?

35 Resoleu aplicant les vostres destreses:

a) Per l'aniversari de la nostra tia hem decidit regalar-li un ram amb tantes roses com anys fa. La tieta fa 32 anys i les roses ens costen 2 € cada una. Pagarem el ram entre els 8 nebots. Quant hem de pagar cada un?

b) Anem 4 companys al cinema i comprem 3 pots grans de crispetes de 4 € cada pot. Cada entrada costa 5 €. Quant hem de pagar cada un?

Q Pàgines 32 i 33

W Dictats matemàtics

ESPAi COOPERATiU

La calculadora espatllada

Parelles contra parelles

Feu grups de dues parelles per contrastar arguments.

Ens demanen de dividir 1.825 entre 52 amb una calculadora amb la tecla de divisió avariada. Ens proposen dos mètodes diferents:

- La resta repetida

Fem servir la constant de resta prement la tecla = successivament.

1 8 2 5 - 5 2 = → 1773 = → 1721 = → 1669 = …

- Assaig i error

Fem productes cada vegada més precisos. Utilitzem primer centenes i desenes completes.

5 2 × 1 0 0 = 5200 ← **Massa gran**

5 2 × 5 0 = 2600 ← **Massa gran**

5 2 × 4 0 = 2080 ← **Massa gran**

5 2 × 3 0 = 1560 ← **Massa petit**

5 2 × …

36 Seguiu aquests passos per fer l'activitat:

1r. Feu grups de quatre. Dividiu-vos en dues parelles. Cada parella ha de pensar arguments a favor del seu mètode i arguments en contra de l'altre.

2n. Discutiu les dues parelles els dos mètodes tot exposant els vostres arguments.

3r. Arribeu conjuntament a un acord sobre el sistema que preferiu en realitat.

37 Avalueu-vos:

Heu discutit de manera argumentada? Heu arribat a acords sense problemes?

Q Pàgina 34

CÀLCUL MENTAL

38 Feu aquestes multiplicacions. Quines us resulten més difícils?

- 3 × 5
- 2 × 3
- 4 × 1
- 3 × 1
- 3 × 7
- 4 × 8
- 6 × 4
- 1 × 5
- 9 × 4

39 Calculeu seguint l'exemple:

$$3 \times 6 = 3 \times (5 + 1) = 15 + 3 = 18$$

- 8 × 3
- 4 × 6
- 7 × 4
- 6 × 5
- 3 × 7
- 8 × 4
- 4 × 9

40 Calculeu seguint l'exemple:

$$4 \times 23 = 4 \times (20 + 3) = 4 \times 20 + 4 \times 3 = 80 + 12 = 92$$

- 3 × 11
- 5 × 42
- 2 × 33
- 4 × 91
- 32 × 4
- 63 × 2
- 44 × 5
- 5 × 22
- 3 × 61
- 4 × 52
- 3 × 44
- 5 × 91
- 5 × 63
- 4 × 34
- 3 × 41
- 4 × 42
- 5 × 71
- 5 × 33
- 4 × 92
- 2 × 84
- 3 × 72

41 Hem comprat 5 disfresses de cada model. Calculeu quant hem gastat en cada tipus de disfressa.

A  **43 €**

B  **28 €**

C  **19 €**

D  **36 €**

42 Calculeu el nombre de rodes de cada quantitat de vehicles:

A  **43 cotxets**

B  **27 cotxets**

C  **61 cotxets**

D  **72 cotxets**

W El joc del càlcul

El joc dels vaixells

En aquesta adreça trobareu un joc de vaixells per jugar en línia:

www.e-cruilla.cat/jocdelsvaixells

Recordeu les regles del joc:

- S'han de col·locar els 10 vaixells en una quadrícula (1 de 4 quadradets, 2 de 3, 3 de 2 i 4 d'1). Dos vaixells no es poden tocar.
- Per torns, es dispara a una casella donant-ne les coordenades (B5, D4, F2...). Si es toca un vaixell, es continua tirant fins a enfonsar-lo o fins a tocar aigua.
- Guanya el primer que enfonsa tots els vaixells del contrari.

43 Jugueu al joc dels vaixells en línia. El contrincant pot ser el mateix ordinador o un amic.

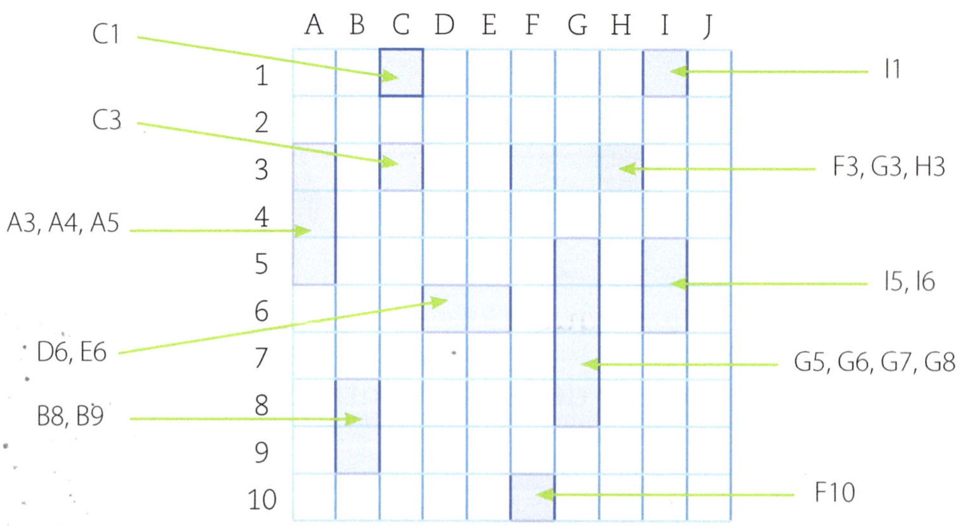

- Quan acabeu la partida, escriviu les posicions dels vaixells de l'enemic donant les coordenades.

W Zona clic

HE APRÈS

1. El dòmino té 28 fitxes. Indica, per a cada grup, si el repartiment serà exacte:
   - 2 jugadors
   - 3 jugadors
   - 4 jugadors
   - 5 jugadors
   - 6 jugadors
   - 7 jugadors

2. Calcula, fent sumes successives, quantes vegades el primer nombre cap en el segon:
   - 3 en 27.
   - 7 en 84.
   - 5 en 100.
   - 12 en 144.

3. Completa:
   - .... × 3 = 18
   - .... × 3 = 33
   - .... × 3 = 600
   - .... × 3 = 300

4. Fes aquestes divisions:
   - 764 : 4
   - 415 : 3
   - 283 : 35
   - 733 : 68

5. Calcula amb una divisió cada repartiment:

   a) 38 magdalenes en paquets de 8.

   b) 324 ous en capses d'una dotzena.

   c) 136 sabates a les seves capses.

6. Tenim entre 20 i 30 galetes. En podem fer pilons de 4 i pilons de 6, i no en sobra cap. Quantes galetes tenim?

7. El gràfic mostra els visitants que ha tingut un museu en una setmana.

   a) Què creus que passa dilluns?

   b) Calcula la mitjana de visitants que té diàriament els dies que té visitants.

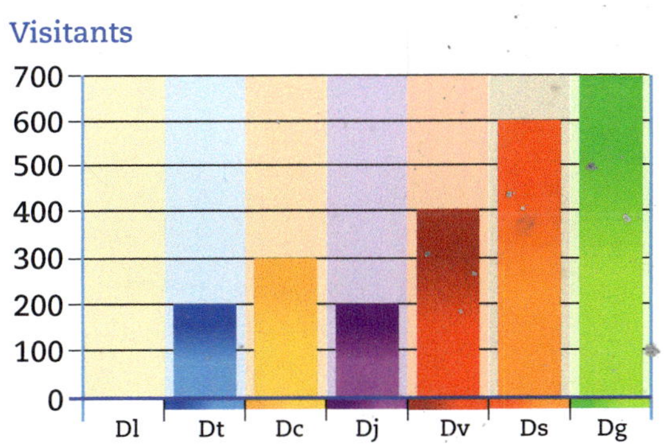

Autoavaluació

5 LES FRACCIONS

Fraccions equivalents. Sumes i restes de fraccions

W Viatge virtual

QUÈ EN SABEM

1 Observeu la fotografia:

a) Quants trossos d'aranja hi veieu?
b) Quantes aranges hi ha en total?
c) Els trossos, són iguals o diferents?
d) Podríeu dir com s'anomena cada tros?
e) Sabríeu ordenar els trossos de petit a gran?

2 Tenim tres rajoles de xocolata:

A  B  C 

a) Quantes preses formen cada rajola?
b) Si agafem una presa, quina part de la rajola representa en cada cas? I si n'agafem 5? Com ho expressaríeu?

EXPLOREM

3 Tenim dues pizzes partides en trossos iguals.

a) Quants trossos petits ens hem de menjar per menjar-ne una quarta part?
b) L'Ismael ha agafat sis trossos de la primera pizza. Quants trossos de la segona pizza representen la mateixa quantitat?

A  B 

1. CONCEPTE DE FRACCIÓ

La Rut i l'Ignasi s'han repartit a parts iguals 1 pera, 2 plàtans i 3 mandarines:

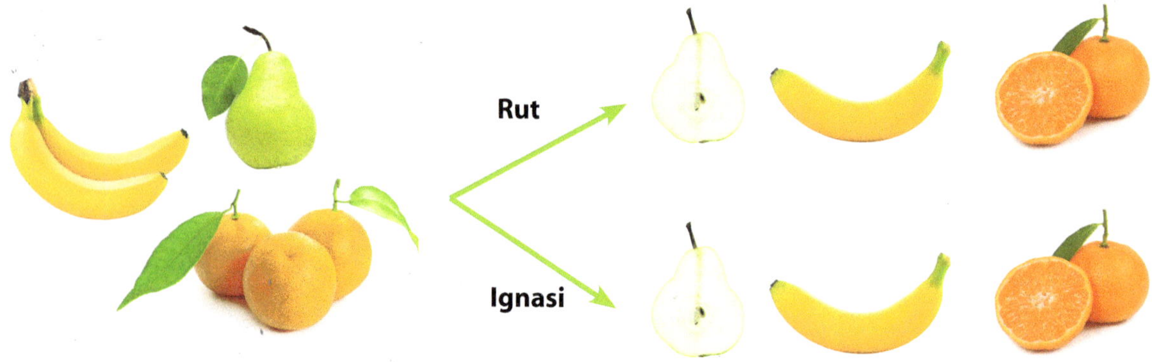

A cadascú li ha tocat mitja pera, 1 plàtan i 1 mandarina i mitja.

> Sovint, per repartir hem de fer parts d'una unitat

4 Volem repartir cada grup entre tres persones. Quina part tocarà a cadascú?

A 

B 

C 

5 En cada cas s'ha fet un repartiment en parts iguals. Entre quantes persones s'ha fet cada repartiment?

A 

B 

C 

Cadascú ha pres:

1+1/3

2. NUMERADOR i DENOMINADOR

Hem dividit una ensaïmada en quatre parts iguals. Cada part és un quart.

Agafem tres quartes parts de l'ensaïmada. Ho expressem en forma de fracció:

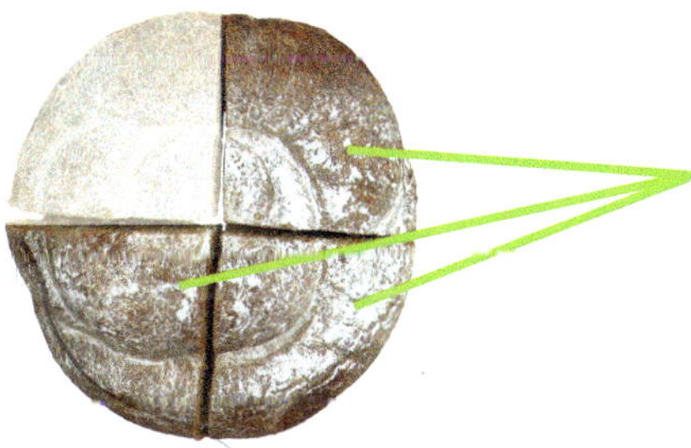

$$\frac{3}{4}$$

Numerador. Indica les parts que agafem.

Denominador. Indica les parts iguals que fem.

> Una fracció està formada per un numerador i un denominador.

6 Indiqueu el numerador i el denominador d'aquestes fraccions:

- $\frac{2}{3}$ • $\frac{1}{4}$ • $\frac{5}{6}$ • $\frac{2}{5}$ • $\frac{4}{9}$ • $\frac{8}{10}$

7 Indiqueu quant representa cada part respecte al total:

A

B

C

D

Expresseu-ho verbalment i en forma de fracció.

Q Pàgines 35 i 36

3. MEITATS I QUARTS

Dividim un ou dur en dues parts, i cada part al seu torn en dues parts més:

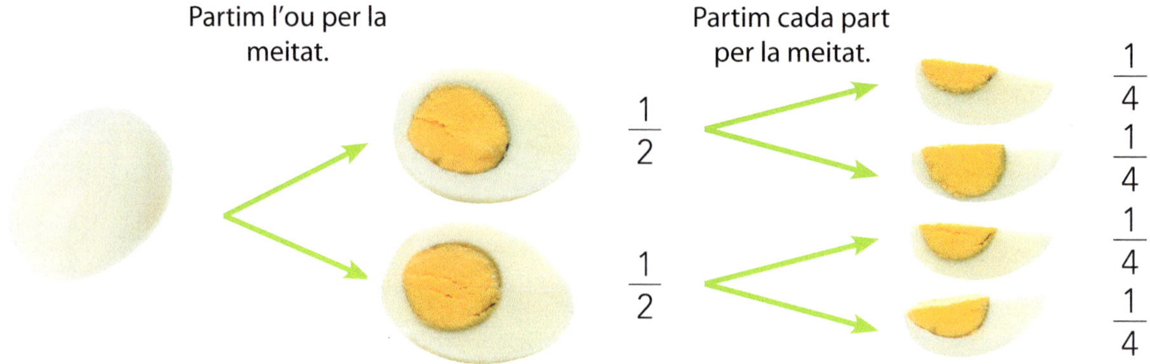

Dividim una col·lecció de 8 botons en dues parts, i cada part en dues parts més:

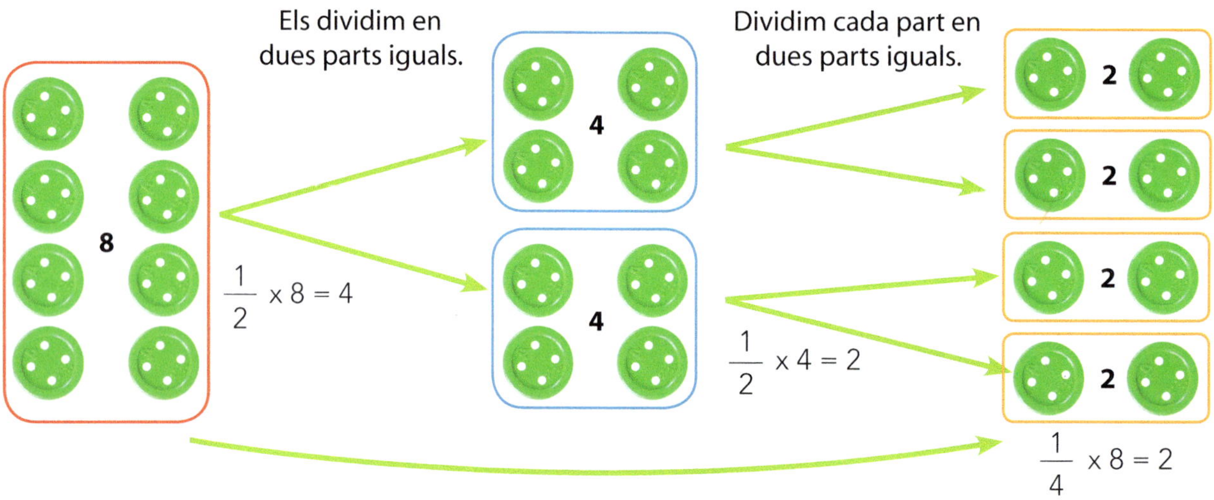

Si fem la meitat d'una meitat obtenim una quarta part.

8 Calculeu en cada cas la meitat i la quarta part de cada quantitat:

- 12 caramels — 6, 3
- 40 pomes — 20, 10
- 4 llibres — 2, 1
- 6 xocolatines — 3, 1,5

9 Copieu i pinteu tres quartes parts de cada figura:

A 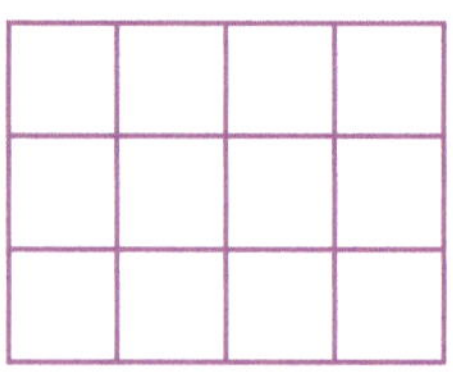

B 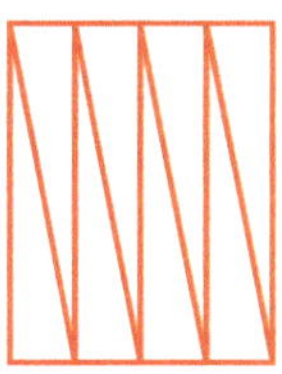

C 

D 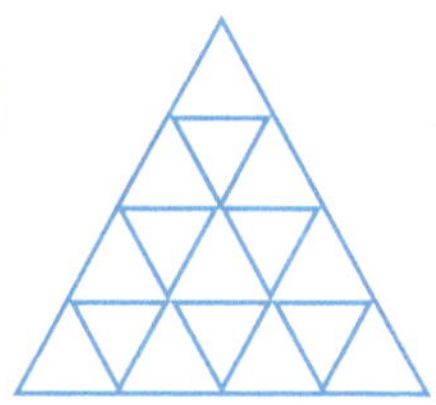

W Dictats matemàtics

4. MEITATS, TERÇOS I SISENS

Dividim una mateixa rajola de xocolata en 2, 3 i 6 parts iguals.

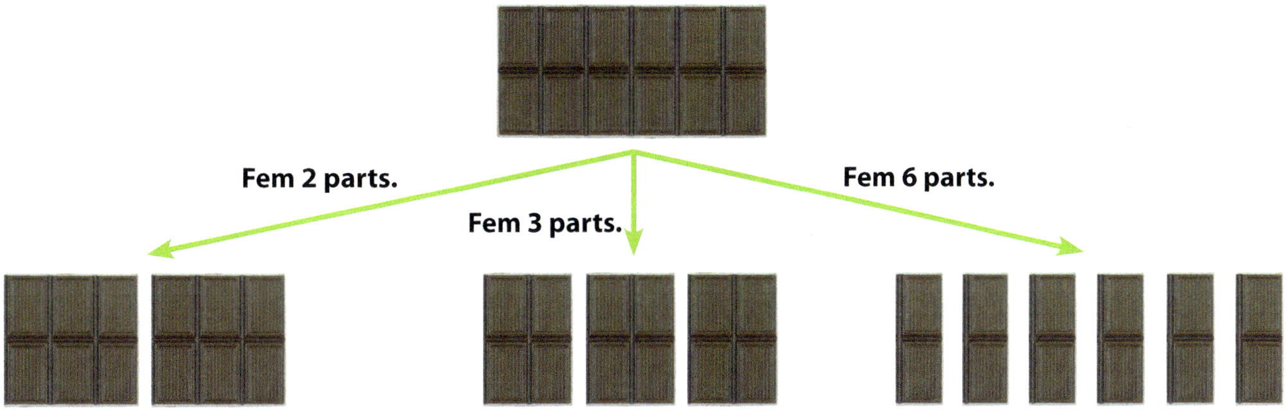

$\frac{1}{2} + \frac{1}{2} = 1$ $\qquad$ $\frac{1}{3} + \frac{1}{3} + \frac{1}{3} = 1$ $\qquad$ $\frac{1}{6} + \frac{1}{6} + \frac{1}{6} + \frac{1}{6} + \frac{1}{6} + \frac{1}{6} = 1$

Podem dividir una col·lecció de 18 avellanes en 2, 3 i 6 pilons:

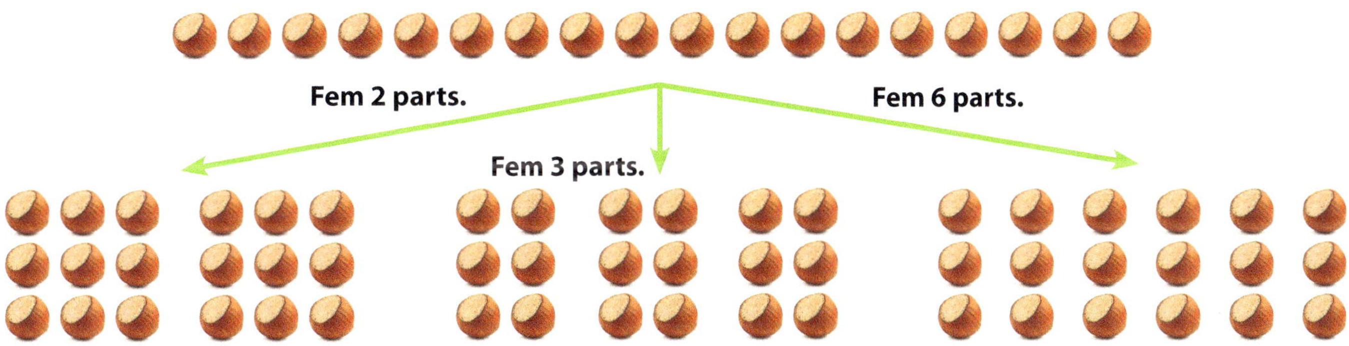

$\frac{1}{2}$ de 18 = 9 $\qquad$ $\frac{1}{3}$ de 18 = 6 $\qquad$ $\frac{1}{6}$ de 18 = 3

10 Indiqueu en cada cas quina és la fracció pintada:

A  B  C 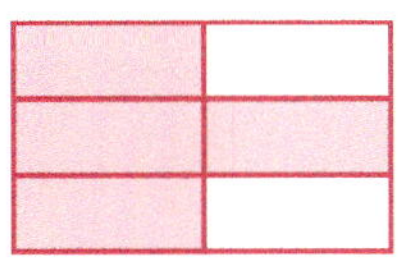 D 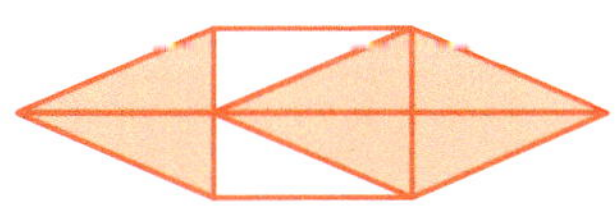

11 Calculeu la tercera part i la sisena part d'aquestes quantitats:

- 30 bombons
- 42 cireres
- 24 nous
- 6 prunes

Q Pàgina 37

5. ORDENEM FRACCIONS

Hem tallat quatre pizzes:

En meitats **En terços** **En quarts** **En sisens**

A mesura que augmentem el nombre de talls d'una pizza, aquests són cada vegada més petits.

$$\frac{1}{6} \text{ de pizza} < \frac{1}{4} \text{ de pizza} < \frac{1}{3} \text{ de pizza} < \frac{1}{2} \text{ de pizza}$$

> De dues fraccions que tinguin el mateix numerador, és més gran la que té el denominador més petit.

12 Escriviu les fraccions representades i ordeneu-les de petita a gran:

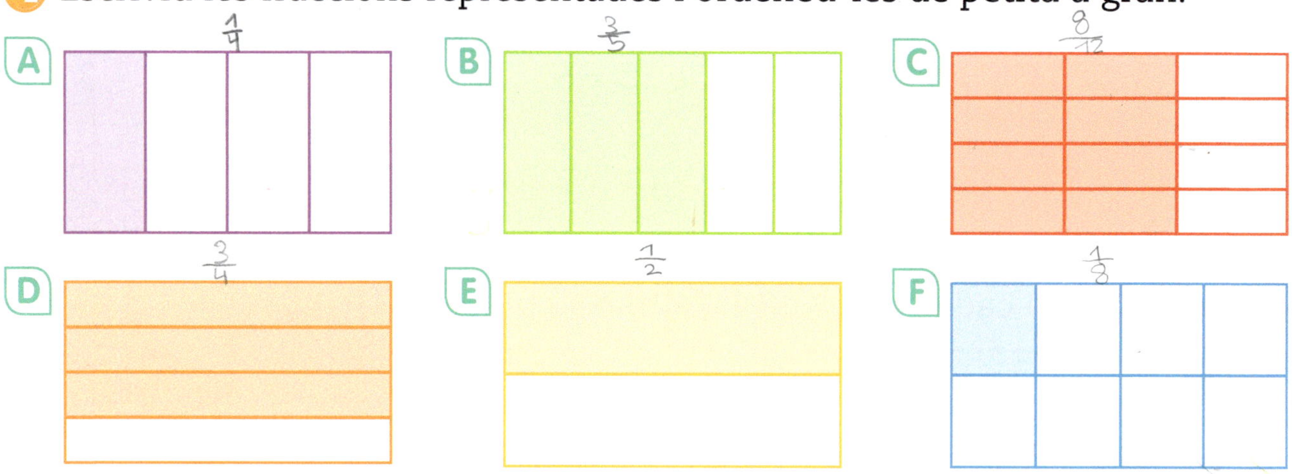

13 Representeu cada fracció en un mateix rectangle i ordeneu-les després de gran a petita:

- $\frac{1}{3}$
- $\frac{3}{6}$
- $\frac{1}{2}$
- $\frac{3}{4}$
- $\frac{1}{8}$
- $\frac{2}{5}$

6. FRACCIONS EQUIVALENTS

Hem partit un braç de gitano en meitats, un en quarts i un en sisens.

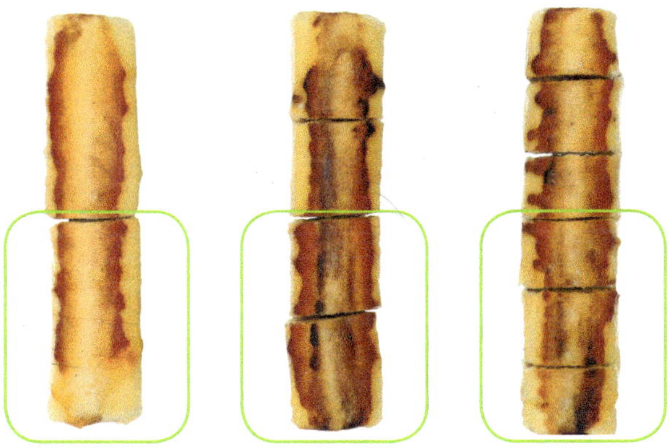

$$\frac{1}{2} = \frac{2}{4} = \frac{3}{6}$$

$\frac{1}{2}$, $\frac{2}{4}$ i $\frac{3}{6}$ són **fraccions equivalents** perquè representen la mateixa part.

> Les fraccions que representen la mateixa part de la unitat són **fraccions equivalents**.

14 Aparelleu les fraccions que són equivalents:

$\frac{3}{4}$ • $\frac{2}{8}$ • $\frac{2}{4}$ • $\frac{1}{3}$ • $\frac{2}{6}$ • $\frac{1}{2}$ • $\frac{1}{5}$ • $\frac{2}{10}$ • $\frac{1}{4}$ • $\frac{6}{8}$

15 Pinteu de manera que les fraccions representades siguin equivalents:

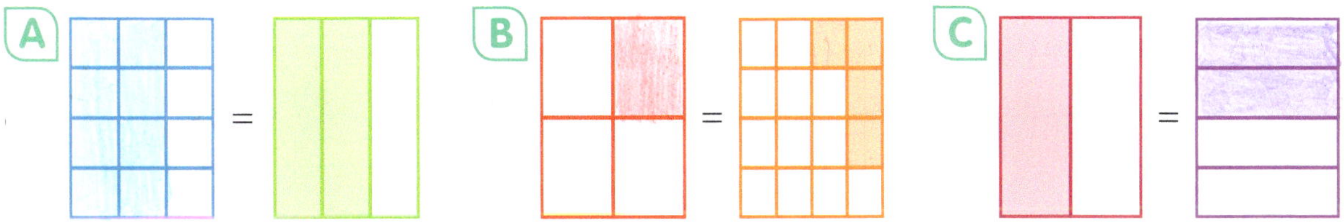

16 Tenim tres truites iguals.

a) Quina part hem agafat en cada cas?

b) Cada una d'aquestes fraccions és equivalent?

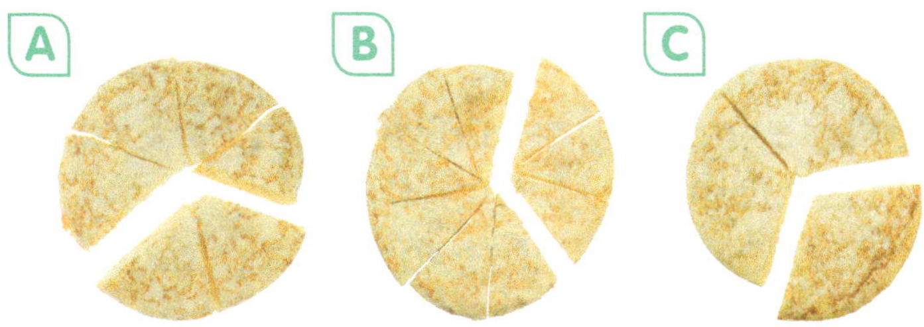

Q Pàgina 38

W Dictats matemàtics

7. SUMES I RESTES DE FRACCIONS

• Suma de fraccions

En Joan s'ha menjat tres sisens de pizza i després dos sisens. En total ha menjat:

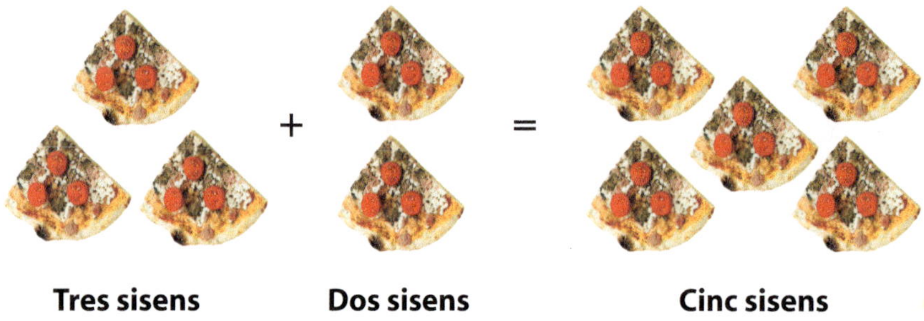

$$\frac{3}{6} + \frac{2}{6} = \frac{5}{6}$$

• Resta de fraccions

La Lídia tenia cinc sisens de pizza al plat, i se n'ha menjat tres sisens. Ha deixat:

$$\frac{5}{6} - \frac{3}{6} = \frac{2}{6}$$

> Es poden sumar o restar fraccions d'**igual denominador**.

17 Dibuixeu i indiqueu quina part de pizza tenim en cada cas:

a) 1/3 de pizza de verdures + 1/3 de pizza 4 formatges

b) 1/6 pizza tropical + 2/6 pizza margarida

18 Feu aquestes operacions:

- $\frac{3}{5} + \frac{1}{5}$
- $\frac{1}{5} + \frac{2}{5}$
- $\frac{4}{6} - \frac{3}{6}$
- $\frac{3}{4} - \frac{1}{4}$

19 Observeu el que han menjat en Jordi i la Montserrat. Quina part de poma s'han menjat entre tots dos ? Això és més o menys que la unitat?

Q Pàgina 39

8. FRACCIONS DE DENOMINADOR 10, 100 i 1.000

Les fraccions de denominador 10, 100 o 1.000 les anomenem fraccions decimals.

Dècimes

1 mm és una dècima part d'1 cm:

$$1 \text{ mm} = \frac{1}{10} \text{ de centímetre}$$

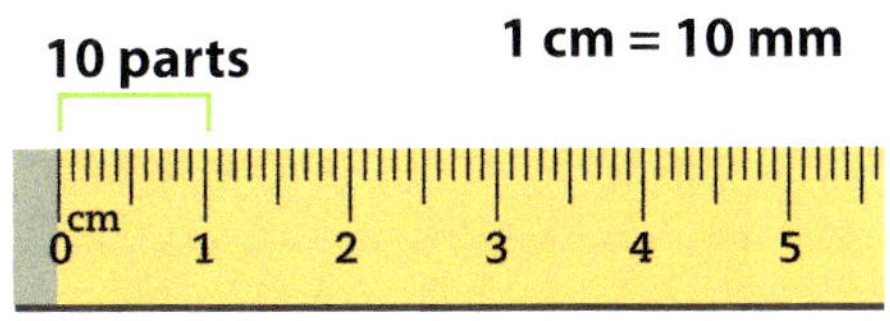

Centèsimes

1 cèntim d'euro és una centèsima part d'1 euro:

$$1 \text{ cèntim} = \frac{1}{100} \text{ d'euro}$$

Mil·lèsimes

1 gram és una mil·lèsima part d'1 kg:

$$1 \text{ g} = \frac{1}{1.000} \text{ de quilo}$$

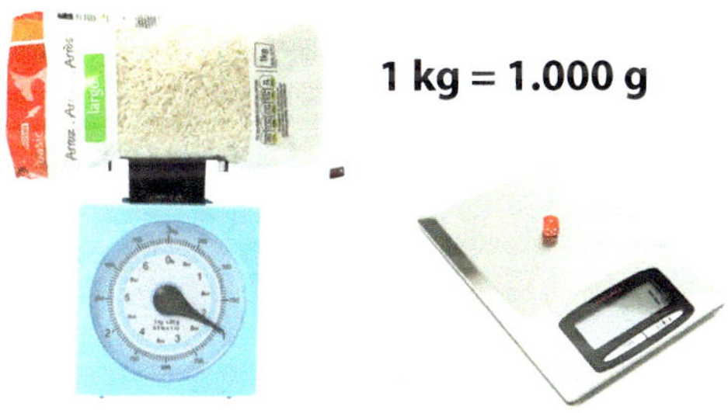

20 Indiqueu en cada cas la part pintada:

A 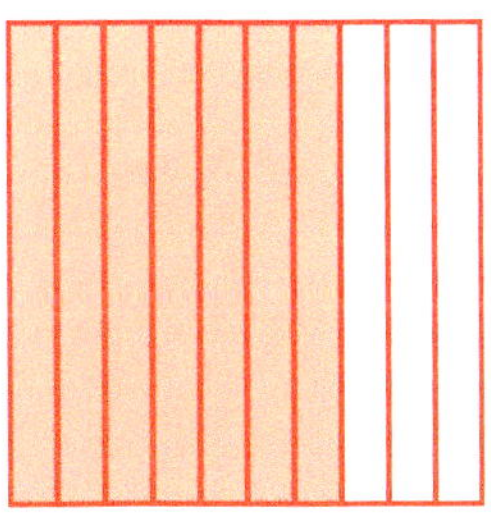

B 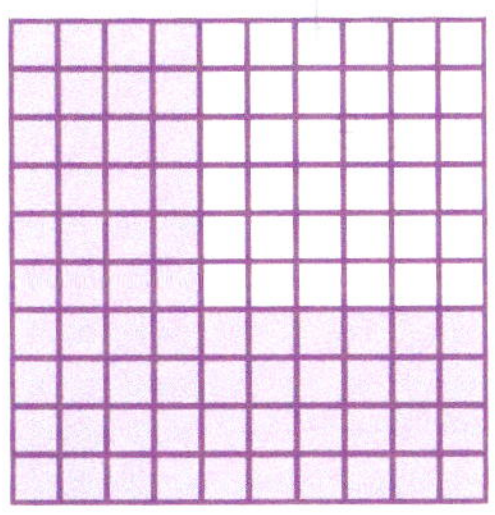

C 

D 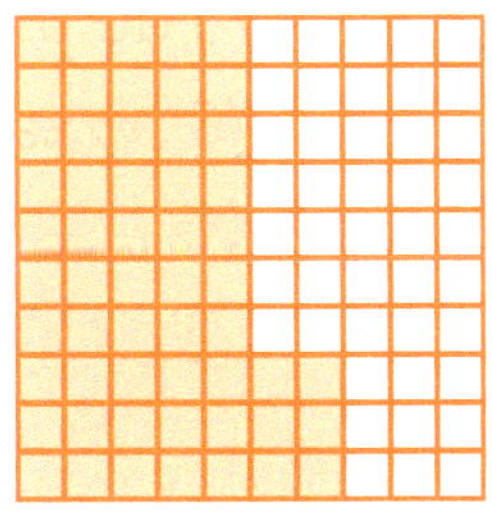

21 Escriviu com a fracció aquestes quantitats:

- 8 dècimes
- 9 mil·lèsimes
- 8 centèsimes
- 73 centèsimes
- 61 centèsimes
- 3 centèsimes
- 37 dècimes
- 435 mil·lèsimes

www.cruilla.cat

TALLER DE PROBLEMES

ENUNCIAT: Busquem informació en una taula

La taula mostra els horaris d'autobús entre Sant Feliu, Llagostera i Girona, des de les 7 del matí fins a les 12 del migdia. Ens fem preguntes i responem consultant la taula.

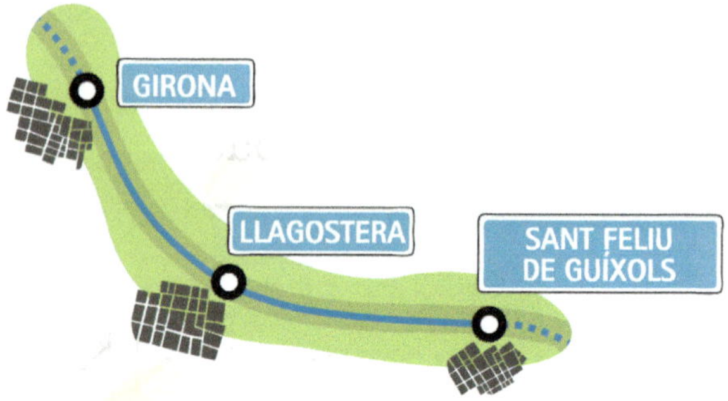

- Quants autobusos hi ha per anar de Sant Feliu a Girona fins a les 12 del migdia?
  Hi ha 7 autobusos.
- I de Llagostera a Girona?
  Hi ha 10 autobusos.
- Quant tarda l'autobús per anar de Sant Feliu a Girona?
  Tarda 55 minuts.
- A quina hora arriba a Girona l'autobús que surt a les 8:45 de Llagostera?
  Arriba a les 9:25.

S. Feliu	Llagostera	Girona
7:00	7:15	7:55
7:30	7:45	8:25
8:00	8:15	9:00
8:30	8:45	9:25
9:15	9:30	10:10
–	10:00	10:40
10:15	10:30	11:10
–	11:00	11:40
11:15	11:30	12:10
–	12:00	12:40

22 Consulteu la taula anterior i contesteu aquestes preguntes:

a) Quant tarda l'autobús per anar de Llagostera a Girona?

b) Si ets a Sant Feliu i vols arribar a Girona per entrar a classe a les 9 del matí, amb quin autobús has de sortir de Sant Feliu? (Compta que de la parada del bus a l'escola has de caminar uns 10 min).

c) A quina hora del matí surt de Sant Feliu el primer cotxe per anar a Girona?

RESOLUCIÓ: Les unitats de mesura

Volem saber on hi ha més paper, en el sucre en sobres o al paquet de quilo.

- Els sobrets monodosi són de 10 g.
- El paper de 10 sobrets pesa 2 g.
- El paquet de sucre és d'1 kg
- El paper del paquet d'1 kg és de 10 g.

Ens donen dades en unitats diferents: grams i quilograms. Les equivalències són:

1 kg = 1.000 g

Hem de saber quants sobrets necessitem per tenir 1 kg de sucre, és a dir, 1.000 g:

1.000 : 10 = 100 sobres

Calen 100 sobres. 10 sobres pesen 2 g. 100 sobres pesaran deu vegades més:

10 x 2 = 20 g

100 sobres individuals pesen 20 g. S'utilitza més paper en els sobres individuals.

23 Com es generen menys residus, fent servir brics de 200 mL o brics de litre? Per la mateixa quantitat de líquid, on hi ha menys material de rebuig?

- Bric de 200 mL = 11 g de cartró
- Bric d'1 L = 30 g de cartró

24 Resoleu aplicant les vostres destreses:

Per la festa d'aniversari de l'Ònia ens han repartit els 100 globus d'una bossa entre els 10 amics convidats. Quan he arribat a casa he donat la meitat dels globus a la meva germana. Quants globus m'he quedat?

Q Pàgines 40 i 41

W Dictats matemàtics

Avaluem la millor opció

2 - 4
Feu una proposta per parelles i després discutiu-les en grups de 4.

Aquests són els llibres que tenim a la biblioteca de l'escola:

CODI	TEMA	EXEMPLARS
0	GENERALITATS	138
1	FILOSOFIA	16
2	RELIGIÓ	21
3	CIÈNCIES SOCIALS	104
5	MATEMÀTIQUES I CIÈNCIES NATURALS	238
6	CIÈNCIES APLICADES I MEDICINA	37
7	BELLES ARTS	83
8	LITERATURA I LINGÜÍSTICA	547
9	GEOGRAFIA I HISTÒRIA	122

Els hem d'empaquetar en capses de 40 llibres. Ens proposen dues maneres:
- Guardar a cada caixa només els llibres del mateix codi.
- Ajuntar els llibres d'alguns codis per completar les caixes.

25 Seguiu aquests passos per fer l'activitat:

1r. Per parelles, penseu quin sistema trobeu més pràctic. En podeu proposar un altre d'alternatiu. Heu de tenir en compte:
- Nombre de caixes que faran falta.
- Facilitat per fer els repartiments i possibles problemes de logística.

2n. Compartiu en grup el mètode que més us convenç. Elaboreu-ne un informe.

26 Avalueu-vos:

Esteu satisfets de la vostra proposta? Us ha servit treballar en equip?

Q Pàgina 42

CÀLCUL MENTAL

Multipliquem per 100 i per 1.000

Hem pujat dos ordres les fitxes de l'àbac.

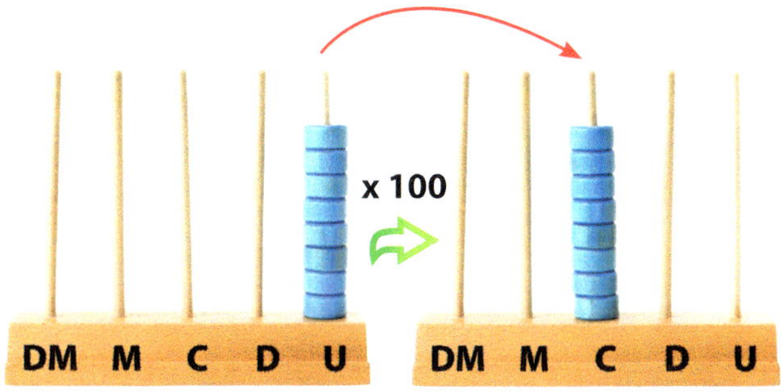

$8 \times 100 = 800$

Hem pujat tres ordres les fitxes de l'àbac.

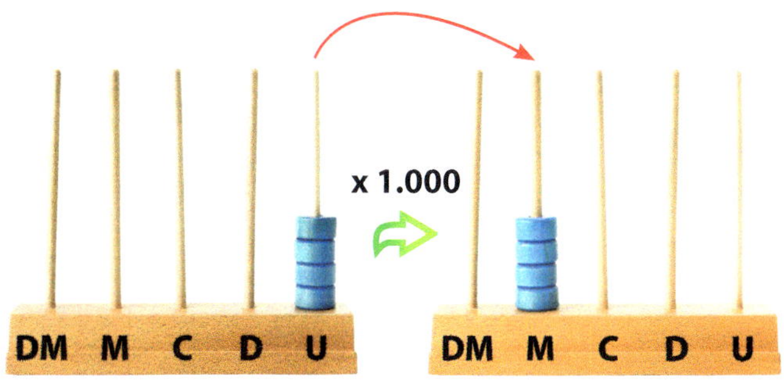

$4 \times 1.000 = 4.000$

27 Calculeu:

- 267 × 100
- 350 × 100
- 109 × 100
- 2.091 × 100
- 67 × 1.000
- 9 × 1.000
- 820 × 1.000
- 365 × 1.000

28 Calculeu seguint l'exemple:

31 × 300 = 31 × 3 × 100 = 93 × 100 = 9.300

- 22 × 300
- 8 × 400
- 60 × 500
- 82 × 200
- 7 × 3.000
- 31 × 2.000
- 40 × 8.000
- 91 × 4.000

29 Determineu el terme que falta en cada cas:

- 340 × .... = 340.000
- 19 × .... = 1.900
- .... × 240 = 24.000
- .... × 3.000 = 15.000
- 30 × .... = 21.000
- .... × 200 = 26.000

30 Un botiguer ha fet una comanda de quatre models de ventalls i ha comprat les unitats indicades. Quant s'ha gastat en cada model? I en la comanda?

25 €

200 unitats

12 €

300 unitats

5 €

500 unitats

20 €

400 unitats

W El joc del càlcul

Zona CLiC

Català | **Matemàtiques** | Ciències | Música | Castellà

Les fraccions

En aquesta pàgina web podreu practicar les fraccions.

www.e-cruilla.cat/fraccions01

Aquí us oferim dos dels exercicis. Quan acabeu cada activitat, feu el test.

31 Indiqueu quina fracció representa cada punt:

a) 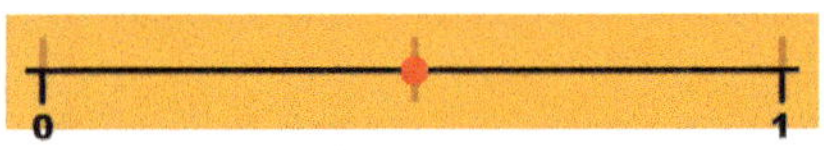 $\frac{\square}{2}$

b) 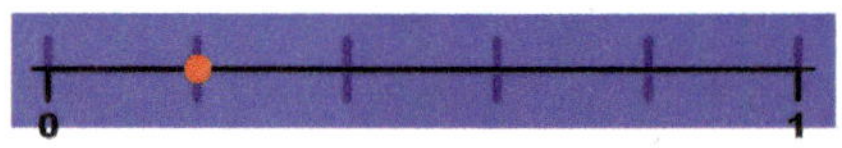 $\frac{\square}{5}$

c) 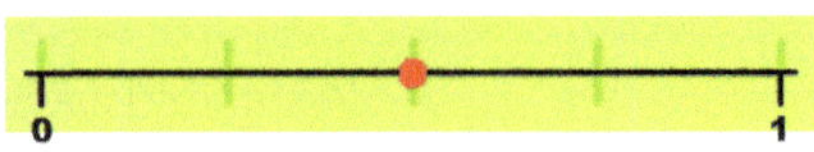 $\frac{\square}{4}$

d) 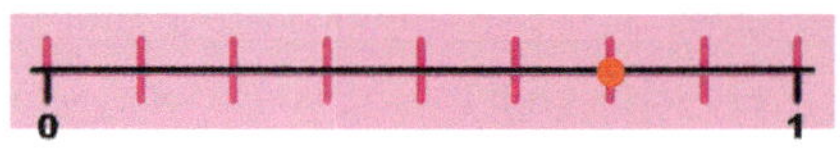 $\frac{\square}{8}$

32 Escriviu en cada cas les fraccions equivalents representades:

A 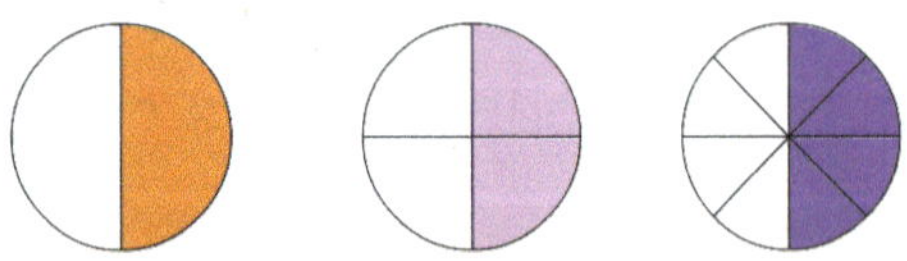

$\frac{\square}{\square} = \frac{\square}{\square} = \frac{\square}{\square}$

B 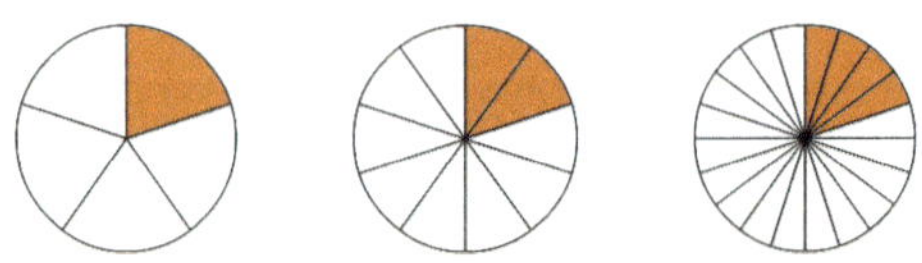

$\frac{\square}{\square} = \frac{\square}{\square} = \frac{\square}{\square}$

W Zona clic

HE APRÈS

1 Pinta en cada cas la part demanada:

A 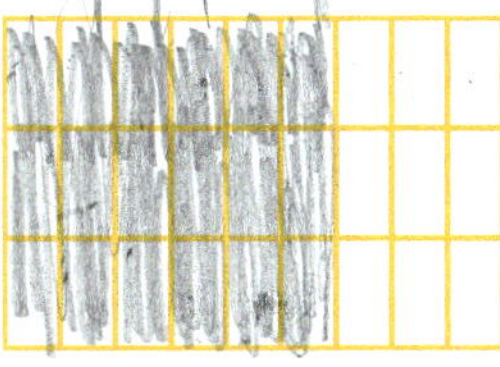

Dos terços

B 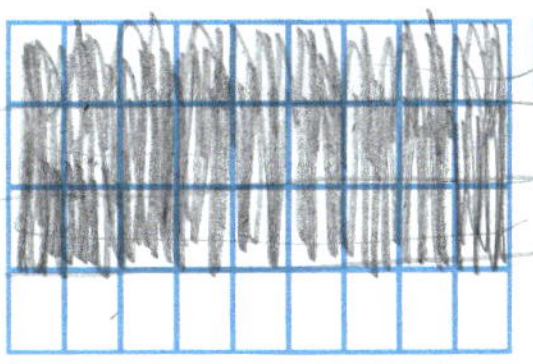

Tres quarts

C 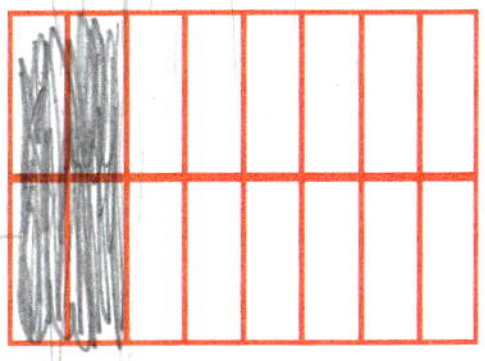

Dos vuitens

D 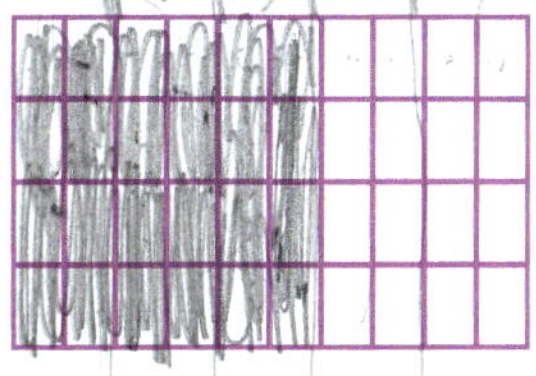

Tres cinquens

2 Digues en cada cas quina part del pastís ens hem menjat:

A 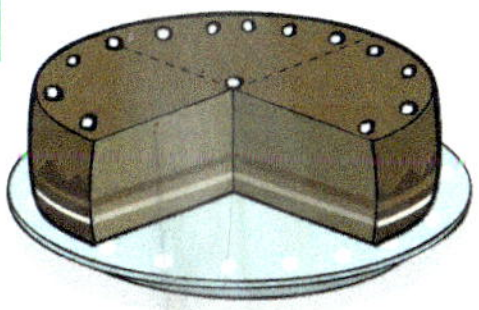

B 

C 

D 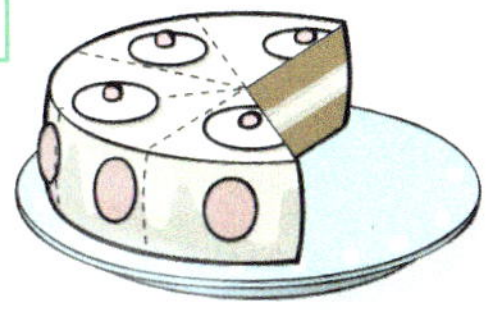

3 Fes aquestes operacions:

- $\frac{4}{9} + \frac{3}{9}$
- $\frac{4}{5} - \frac{3}{5}$
- $\frac{1}{4} + \frac{3}{4}$
- $\frac{5}{6} - \frac{3}{6}$

4 Hi ha tres grups de fraccions equivalents. Troba'ls.

$\frac{2}{4}$ • $\frac{1}{3}$ • $\frac{1}{4}$ • $\frac{25}{100}$ • $\frac{5}{10}$ • $\frac{2}{6}$ • $\frac{5}{20}$ • $\frac{1}{2}$ • $\frac{3}{9}$

5 Dibuixa i ordena de gran a petit aquests trossos de pizza:

- $\frac{1}{8}$ de pizza
- $\frac{2}{3}$ de pizza
- $\frac{3}{4}$ de pizza
- $\frac{1}{4}$ de pizza

6 Expressa verbalment aquestes fraccions:

$\frac{5}{10}$ • $\frac{32}{100}$ • $\frac{231}{1.000}$ • $\frac{87}{100}$ • $\frac{2}{10}$ • $\frac{105}{1.000}$

7 La meitat dels 402 alumnes del centre són nenes. Una tercera part de les nenes patinen. Quantes nenes patinen?

W Autoavaluació

6 ELS NOMBRES DECIMALS

Concepte de nombre decimal. Operacions

W

Viatge virtual

QUÈ EN SABEM

1 Observeu aquestes mesures:

A

23,4 cm

Longitud

B

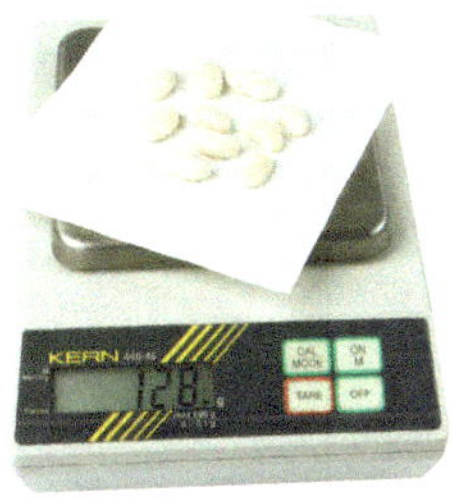

12,8 g

Pes

C

0,75 L

Capacitat

a) Com es llegeixen? Quina és la funció de la coma?
b) Podríeu expressar les mesures sense la part decimal? Com?
c) Penseu tres situacions més en què fem servir nombres decimals.

EXPLOREM

2 Expresseu aquestes quantitats en euros:

A

B

C

3 Observeu els pilons de monedes de 10 cèntims.

a) Quantes monedes creieu que hi ha? Quants diners són?
b) Quants cèntims són 1 €? I 1.000 €?
c) Ordeneu aquests valors:
   1 € 50 ct. • 1,55 € • 156 ct. • 1 € 5 ct.

1. EUROS I CÈNTIMS

En el nostre sistema monetari utilitzem euros i cèntims d'euro:

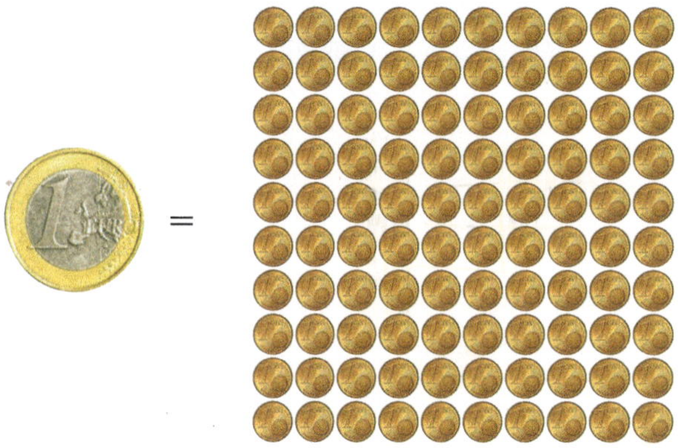

1 € = 100 ct.

1 ct = $\frac{1}{100}$ €

Si dividim amb la calculadora 1 entre 100, tenim:

[1] [÷] [1] [0] [0] [=] [0.01] → **1 ct. = 0,01 €**

Podem expressar euros i cèntims d'euro com a cèntims i com a euros. Si els expressem com a euros, utilitzem una coma per distingir els cèntims:

→ 321 cèntims → 3,21 euros

Coma de decimals

4 Amb l'ajuda de la calculadora, expresseu els cèntims en euros:

37 ct. → [3] [7] [÷] [1] [0] [0] [=] [0.37] → 0,37 €

48 ct. • 5 ct. • 50 ct. • 230 ct. • 9 ct. • 90 ct. • 99 ct. • 475 ct.

5 Agrupeu les quantitats que formen 1 €:

0,30 € • 25 ct. • 70 ct. • 11 ct. • 0,89 € • 65 ct. • 75 ct. • 0,35 €

6 Quines coses podem comprar amb 5 €? Busqueu cinc possibilitats.

Q Pàgina 43

2. PART ENTERA i PART DECiMAL

Podem expressar euros i cèntims conjuntament, separant les parts amb una coma:

18,45 €

Part entera | Part decimal

18,45 €

18 euros — 45 cèntims

23,05 €

Part entera | Part decimal

23,05 €

23 euros — 5 cèntims

La **coma decimal** separa la part entera de la part decimal.

7 Quina és la part decimal dels nombres següents?

- 235,4
- 4,23
- 120,12
- 0,25

8 Escriviu amb lletres aquests nombres:

- 0,57
- 468,7
- 3.456.784,97
- 2.100,03

9 Escriviu el nombre que falta per arribar al resultat:

- 0,65 + ... = 1
- 4,37 + ... = 5
- 2,2 + ... = 3
- 0,65 + ... = 5
- 8,3 + ... = 10
- 37,45 + ... = 50
- 0,01 + ... = 1
- 49,49 + ...= 100

10 Escriviu com a euros aquestes quantitats:

A

B

C

3. FRACCIONS DECIMALS I NOMBRES DECIMALS

Hi ha una correspondència entre nombres decimals i fraccions decimals:

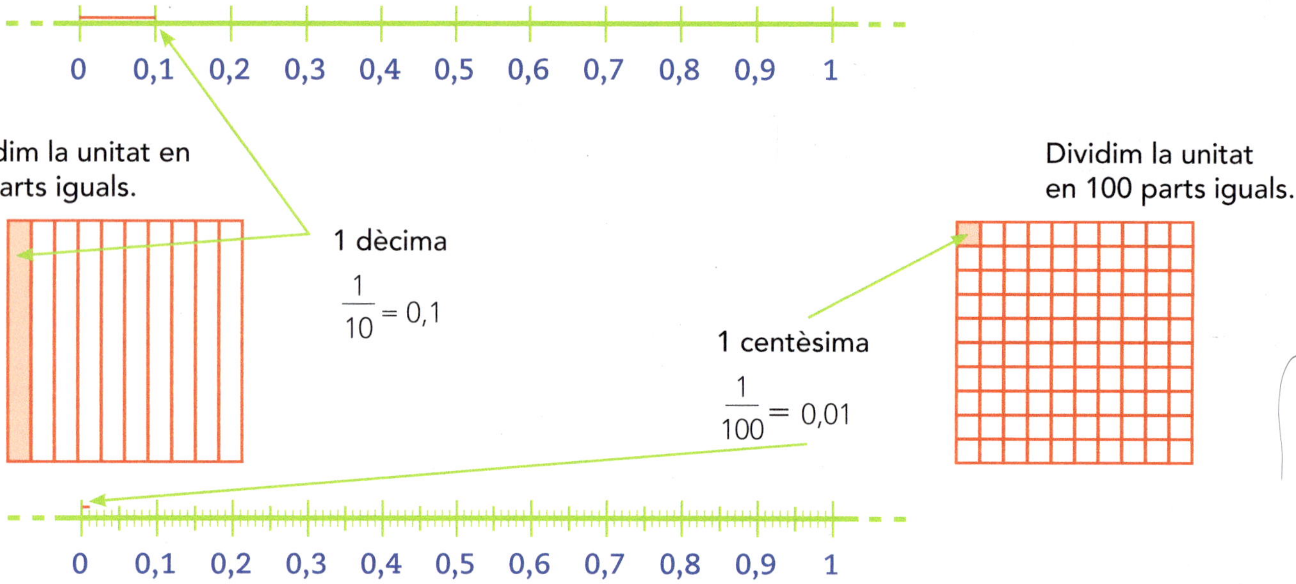

11 Completeu en cada cas:

A 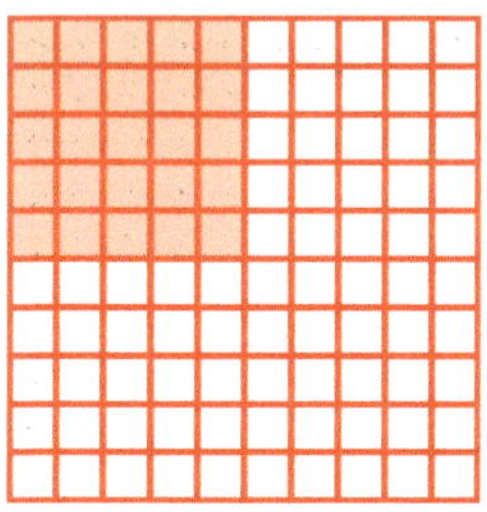

$\frac{1}{4} = \frac{25}{100} = 0{,}25$

B 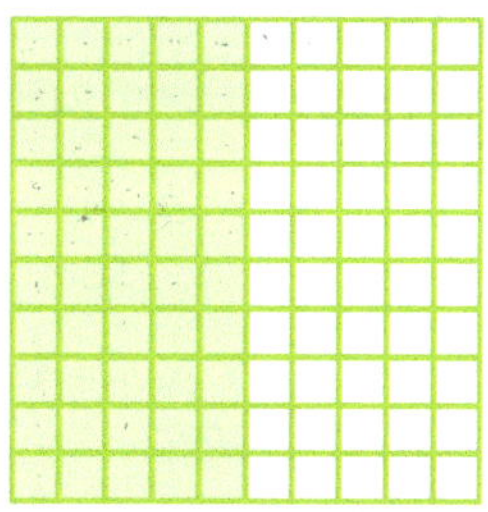

$\frac{1}{2} = \frac{50}{100} = 0{,}50$

C 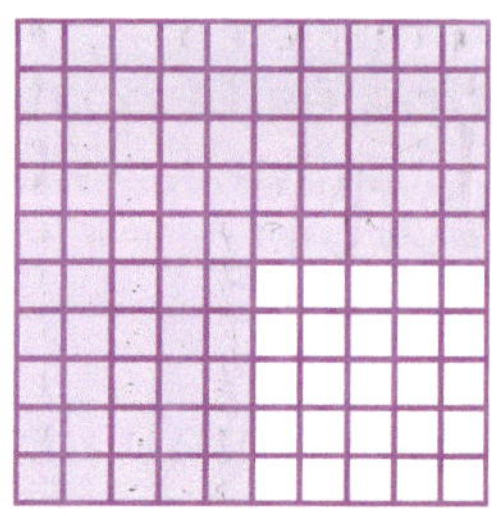

$\frac{3}{4} = \frac{75}{100} = 0{,}75$

12 Escriviu en forma fraccionària i decimal la part pintada de cada figura:

A 

B 

C 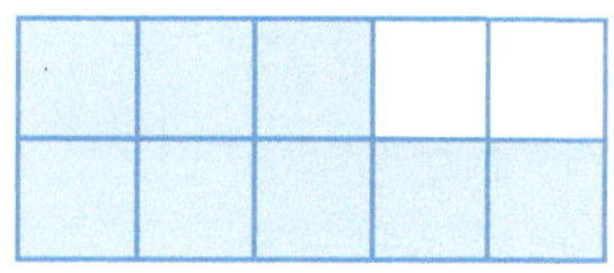

13 Representeu en una quadrícula de 10 x 10 cada nombre decimal:

- 0,35
- 0,14
- 0,99
- 0,4
- 0,04
- 0,77

Q Pàgina 44

W Dictats matemàtics

4. DÈCIMES I CENTÈSIMES

Aquests són els rècords mundials masculí i femení de salt d'altura:

Javier Sotomayor (any 1993)

Stefka Kostainova (any 1987)

Unitats	Dècimes	Centèsimes
U	d	c
2	4	5

2,45

Unitats	Dècimes	Centèsimes
U	d	c
2	0	9

2,09

Podem representar aquestes marques a la recta numèrica:

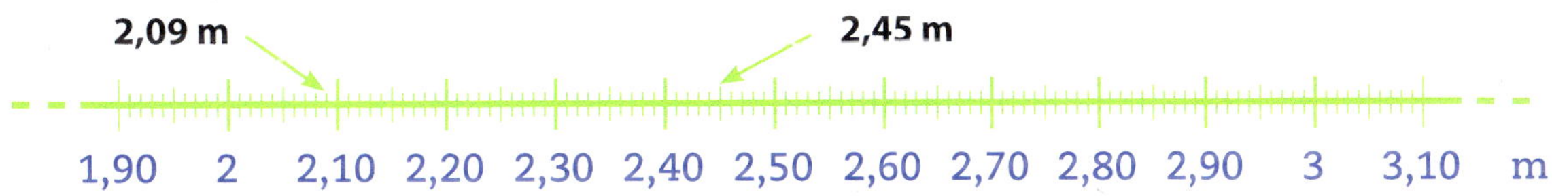

14 Indiqueu quant val la xifra 3 en cada nombre:

- 312
- 0,35
- 13,57
- 12,53
- 35,23
- 5,03

15 Escriviu els nombres següents en forma decimal:

- Tres unitats, quatre dècimes, sis centèsimes
- 5 D + 8 U + 6 d + 3 c
- 8 UM + 3 C + 5 D + 6 U + 3 d + 7 c
- 6 C + 5 c

16 Descomponeu els nombres com a l'exemple:

32,12 = 3 D + 2 U + 1 d + 2 c = 30 + 2 + 0,1 + 0,02

- 3,45
- 175,06
- 200,65
- 28,28

5. L'ÚS DELS DECIMALS

Els nombres decimals ens permeten donar mesures més precises.

Alçada

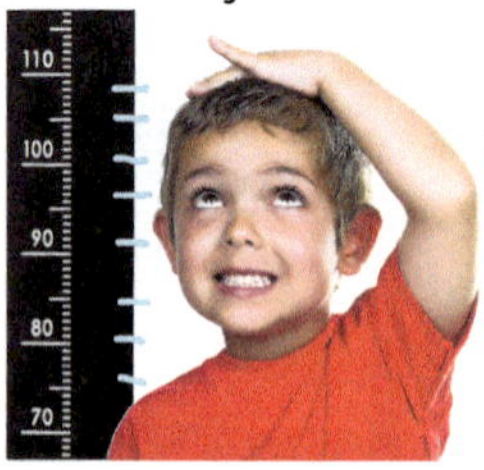

1,08 m

Temperatura

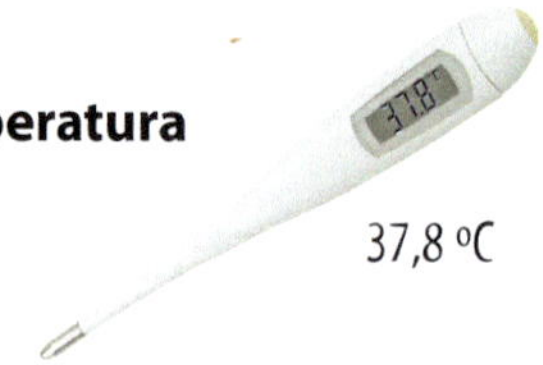

37,8 ºC

Temps

40,54 s

Pes

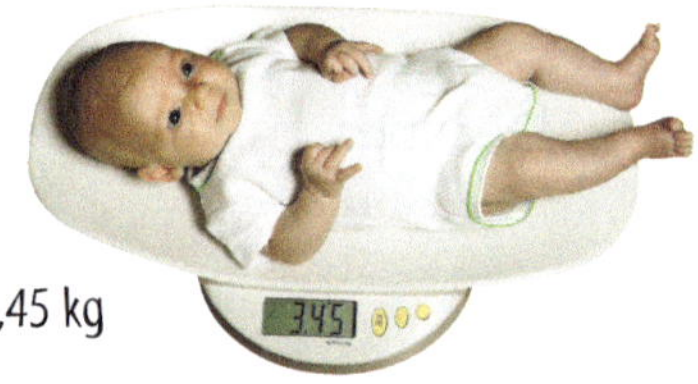

3,45 kg

Capacitat

1,5 L

Valor monetari

9,90 €

17 Mireu la taula següent dels rècords de salt de llargada:

Rècord	Categoria	Marca	Atleta	Data
Mundial	Homes	8,95 m	Mike Powell	30-08-1991
	Dones	7,52 m	Galina Chistyakova	22-05-2004
Olímpic	Homes	8,90 m	Bob Beamon	18-10-1968
	Dones	7,40 m	Jackie Joyner-Kersee	29-09-1988

a) Quina llargada correspon al rècord olímpic d'homes? I al de dones?

b) Quina diferència hi ha entre el rècord del món i l'olímpic en cada cas?

c) Quina llargada creieu que seríeu capaços de saltar? I quina alçada?

18 La temperatura corporal és normal fins a 37 ºC. A quina temperatura estic si tinc 7 dècimes de febre?

19 Mesureu les tres dimensions de la vostra taula i expresseu el resultat en metres.

6. ARRODONIM DECIMALS

Volem arrodonir els pesos de la Júlia i en Guillem a les unitats:

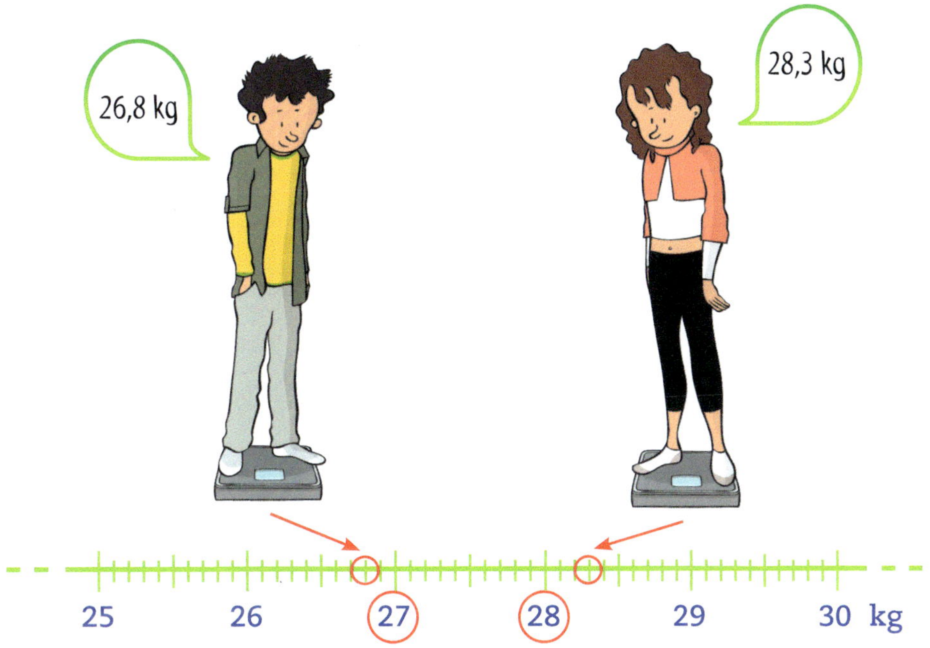

26,8 és més a prop de 27 que de 26.

28,3 és més a prop de 28 que de 29.

Arrodonim a la unitat d'ordre anterior si la xifra és més petita que 5. Si és 5 o més gran, arrodonim a la unitat d'ordre següent.

20 Arrodoniu a les dècimes aquests nombres:

- 3,21
- 45,49
- 20,08
- 457,92
- 354,677

Arrodoniu-los després a les unitats.

21 Ordeneu els nombres i després arrodoniu-los a les dècimes:

3,29 • 3,209 • 3,26 • 3,18 • 3,33

22 Arrodoniu els preus dels productes del cistell a les unitats i sumeu. Després, comproveu el resultat exacte amb la calculadora.

Dictats matemàtics

7. SUMA DE DECIMALS

Per saber quant mesura el camió i el remolc, sumarem les dues longituds:

1r. Alineem els ordres d'unitats amb la coma.

D	U	d	c
	5	, 4	5
+ 1	3	, 7	

2n. Afegim zeros decimals.

D	U	d	c
	5	, 4	5
+ 1	3	, 7	0

3r. Fem la suma.

D	U	d	c
	[1]5	, 4	5
+ 1	3	, 7	0
1	9,	[1]1	5

Per sumar nombres decimals, fem el següent:
– Alineem les xifres segons els ordres d'unitats.
– Igualem les xifres decimals dels sumands afegint zeros a la dreta.

23 Feu aquestes sumes en horitzontal:

- 3,4 + 14,5
- 21,8 + 0,6
- 5,4 + 6,6
- 3,8 + 1,12

24 Feu aquestes sumes:

a) 3,02 + 4,57

b) 237,3 + 119,84

c) 65,67 + 65,67

d) 33,56 + 89,72

25 Disposeu els termes en vertical i sumeu:

- 12,6 + 54,8
- 235,34 + 1.785,69
- 54.345,9 + 1.357,28

8. RESTA DE DECIMALS

Quant val més el recipient gran que el petit?

4 €

3,20 €

2,85 €

1r. Alineem els ordres d'unitats d'acord amb la coma.

	U	d	c
	4 ,		
–	2 ,	8	5

2n. Afegim zeros decimals.

	U	d	c
	4 ,	0	0
–	2 ,	8	5

3r. Fem la resta.

	U	d	c
	4 ,	[1]0	[1]0
–	2[3] ,	8[9]	5
	1 ,	1	5

Per restar nombres decimals, fem el mateix que en la suma:
– Alineem les xifres segons els ordres d'unitats.
– Igualem les xifres decimals dels termes afegint zeros a la dreta.

26 Quant li falta a cada nombre per arribar a 5?

- 4,5
- 3,3
- 4,05
- 1,09
- 2,2
- 3,67
- 4,99
- 0,05

27 Feu aquestes restes:

a) 9,47 − 4,59

b) 835,3 − 119,84

c) 60 − 14,67

d) 45,05 − 17

28 Disposeu els termes en vertical i resteu:

- 12,6 – 4,7
- 7.514,6 – 452,09
- 0,928 – 0,093

29 Busqueu 5 parells de nombres que, sumats, donin 3,75.

9. MULTIPLIQUEM UN DECIMAL PER UN NATURAL

Exemple 1

Calculem el preu de la compra de taronges:

3,6	← Quilos.
x 2	← Preu quilo.

3,**6**	← Comptem els decimals: **1**.
x 2	
7,**2**	← Separem **1** xifra decimal.

Exemple 2

Calculem el preu de la compra de les pomes:

2,65	← Preu quilo.
x 3	← Quilos.

2,**65**	← Comptem els decimals: **2**.
x 3	
7,**95**	← Separem **2** xifres decimals.

Multipliquem un nombre decimal per un de natural així:

- Multipliquem com si fossin naturals.
- En el resultat separem amb la coma tantes xifres decimals com decimals té el factor decimal.

30 Cada un dels 4 amics de la nostra colla té 1,25 €. Quants diners tenim en total? Resoleu la situació amb una suma repetida i multiplicant.

31 Disposeu en vertical i multipliqueu:

- 32,5 × 7
- 12,8 × 12
- 847,03 × 9
- 0,75 × 6

Q Pàgines 45 i 46

W www.cruilla.cat

10. MULTIPLIQUEM PER 10, 100, 1.000...

Hem representat 0,52 a l'àbac i hem multiplicat la quantitat per 10, 100 i 1.000:

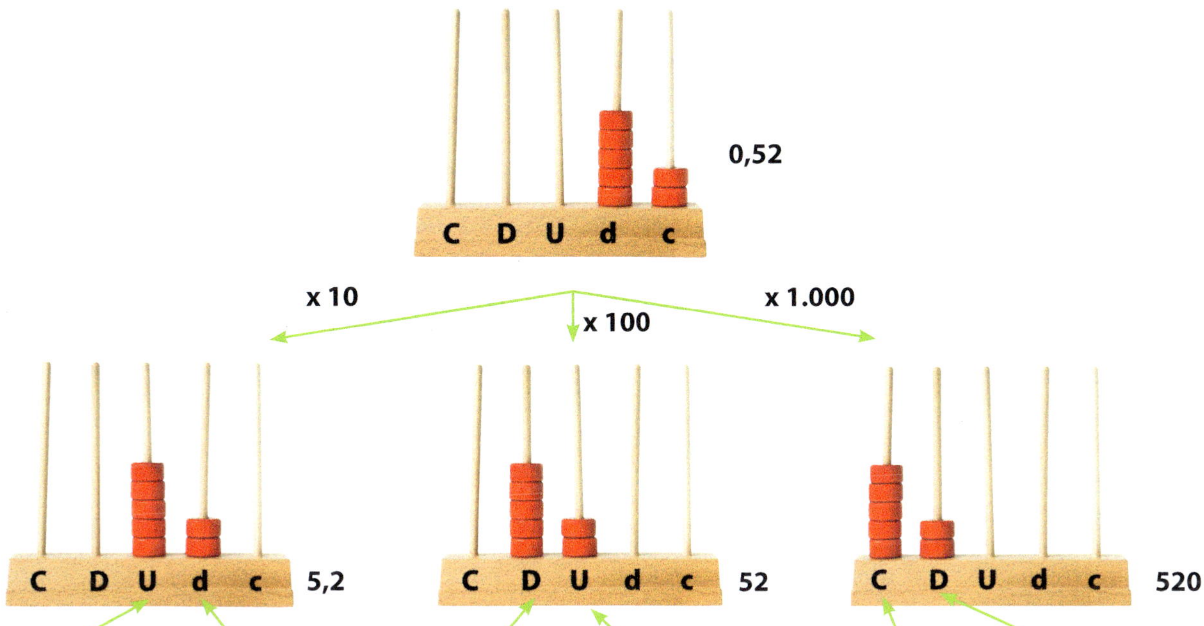

Les dècimes passen a unitats. Les centèsimes passen a dècimes.

Les dècimes passen a desenes. Les centèsimes passen a unitats.

Les dècimes passen a centenes. Les centèsimes passen a desenes.

Podem multiplicar un nombre decimal per la unitat seguida de zeros movent la coma tants llocs a la dreta com zeros té l'altre factor.

32 Calculeu:

- 3,5 × 10 35
- 7,8 × 10 78
- 0,62 × 10 6'2
- 12,32 × 100 1232
- 0,87 × 100 87
- 64,05 × 100 645
- 5,758 × 1.000 5758
- 23,235 × 1.000 23235
- 35,4 × 1.000 35400

33 Completeu:

- 23,45 × 10 = 234,5
- 452,003 × 10 = 4.520,03
- 315,05 × 100 = 31.505
- 0,57 × 100 = 57
- 3,5 × 100 = 350
- 1.000 × ...... = 20

34 Quant ens costaran 200 caramels d'aquesta màquina?

Q Pàgina 47

ENUNCIAT: Ordenem les parts d'un enunciat

Aquest matí he anat a comprar caramels i he preparat unes targetes per explicar el que he fet. Però les targetes se m'han desordenat. Com les ordenaríeu?

- He pagat amb un bitllet de 50 €.
- Quant m'han tornat de canvi?
- He entrat a la botiga Nyam-nyam.
- Cada bossa val 12 €.
- He comprat 4 bosses de caramels.

Llegim cada targeta. Ens fixem en l'ordre temporal i tenim en compte que la pregunta va al final:

- He entrat a la botiga Nyam-nyam.
- He comprat 4 bosses de caramels.
- Cada bossa val 12 €.
- He pagat amb un bitllet de 50 €.
- Quant m'han tornat de canvi?

35 Ordeneu les peces d'aquest problema:

- Quantes bosses de caramels he comprat?
- He entrat al súper i n'he comprat 30.
- Volia convidar els amics a caramels.
- Cada bossa contenia 6 caramels.

36 Ordeneu les peces del problema. Heu d'afegir informació de la taula.

- He comprat 125 ossets.
- He pagat 15 €.
- Quant costa una bossa d'ossets?
- He entrat a la botiga de llaminadures.

Producte	Unitats per bossa
Gominoles	30
Núvols	40
Coca-cola	15
Ossets	25
Cucs maduixa	45

RESOLUCIÓ: Construïm sèries

Al barri han organitzat una gimcana per equips. Són 12 proves. Per superar la primera ens donen 1 ct. i per cada prova successiva que superem ens donen el doble de diners que en l'anterior: 2, 4, 8... Quants diners obtindrem si superem cinc proves?

Representem el que ens donen en cada prova:

1a prova 2a prova 3a prova 4a prova 5a prova

1 2 4 8 16

Sumem el que hem obtingut en les cinc proves:

1 + 2 + 4 + 8 + 16 = 31 ct.

Haurem obtingut 31 ct.

37 Calculeu quants diners obtindrem si superem les 12 proves.

38 La mare vol reunir una foto de cada membre de la família, fins als meus rebesavis. Si som tres germans, quantes fotos reunirà?

39 Resoleu aplicant les vostres destreses:

Al pare li han receptat Cobonyl, una crema cutània. Cada gram de Cobonyl conté 0,5 mg de crematolona i 0,1 mg de sobinol. La resta és excipient. Sabent que el tub de crema és de 25 g, quina quantitat d'excipient conté?

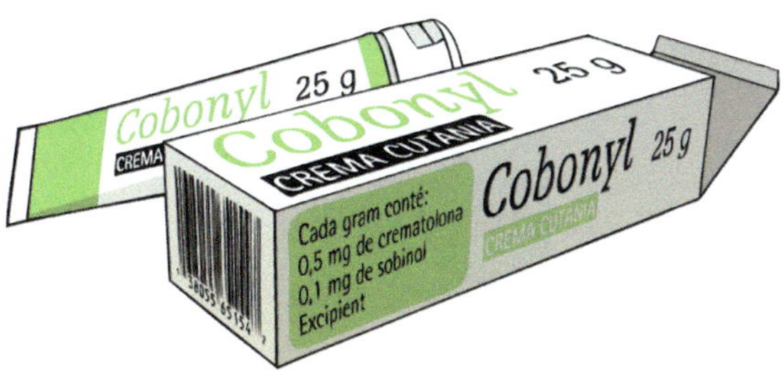

Q Pàgines 48 i 49 W Dictats matemàtics

ESPAI COOPERATIU

Paguem amb cèntims

Per parelles

Per parelles, heu de fer la mateixa compra amb monedes de cèntims, cadascú aplicant criteris diferents.

En Pol i l'Anna han anat a comprar material d'oficina. Només porten monedes de cèntims.

1,76 €

0,78 €

1,44 €

0,29 €

0,88 €

0,45 €

Cada amic paga utilitzant un criteri diferent:
– Pol: utilitza el mínim de monedes.
– Anna: utilitza el màxim de monedes de 20 cèntims.

Per comprar el corrector, cadascú ha entregat les monedes següents:

	50 ct.	20 ct.	10 ct.	5 ct.	2 ct.	1 ct.
Pol (mínim monedes)	3	1		1		1
Anna (màxim monedes 20 ct.)		8	1	1		1

40 Seguiu aquests passos per fer l'activitat:

1r. Determineu com pagaríeu per cada producte, utilitzant l'un el mínim de monedes, i l'altre el màxim de monedes de 20 ct. Ajudeu-vos de taules.

2n. Comproveu si les combinacions de monedes proposades pel vostre company són correctes.

3r. Conjuntament, determineu quines monedes donaria en Pol per pagar cada producte si resulta que no té cap moneda de 20 ct.

41 Avalueu-vos:

Heu presentat de manera clara els resultats? Us heu avaluat correctament?

Q Pàgina 50

Multipliquem nombres acabats en un o més zeros

• Sense decimals

Descomponem els nombres acabats en zeros en nombres multiplicats per la unitat seguida de zeros:

2 zeros ↘ ↙ 1 zero ... ↙ 3 zeros

$300 \times 50 = 3 \times 100 \times 5 \times 10 = 15 \times 1.000 = 15.000$

• Amb decimals

Si un factor té decimals, afegim primer els zeros i després separem els decimals:

1 decimal ↘ ↙ 2 zeros ... Afegim 2 zeros ↘ ... ↙ Separem 1 decimal

1,2 x 200 → 12 x 2 = 24 → 2400 → 240,0 → 240

42 Calculeu:

• 3 × 10	• 10 × 7	• 20 × 6	• 6 × 70
• 40 × 50	• 60 × 60	• 70 × 20	• 120 × 30
• 300 × 500	• 1.100 × 600	• 420 × 200	• 250 × 40
• 3,2 × 20	• 1,5 × 200	• 40 × 0,21	• 0,6 × 5.000
• 3,5 × 100	• 4,8 × 60	• 83 × 1.000	• 0,02 × 100
• 12,5 × 20	• 200 × 500	• 300 × 0,5	• 1.200 × 0,02

43 En cada cas hem venut 6 unitats. Quant val cada unitat?

3.000 €

180 €

7.200 €

300 €

120 €

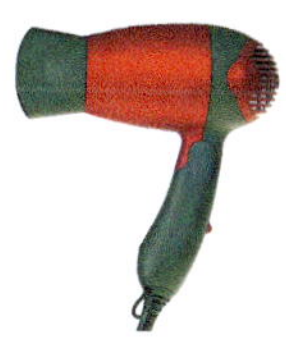

W El joc del càlcul

Català | Matemàtiques | Ciències | Música | Castellà

Nombres decimals

En aquesta pàgina podreu practicar els nombres decimals:

www.e-cruilla.cat/nombresdecimals

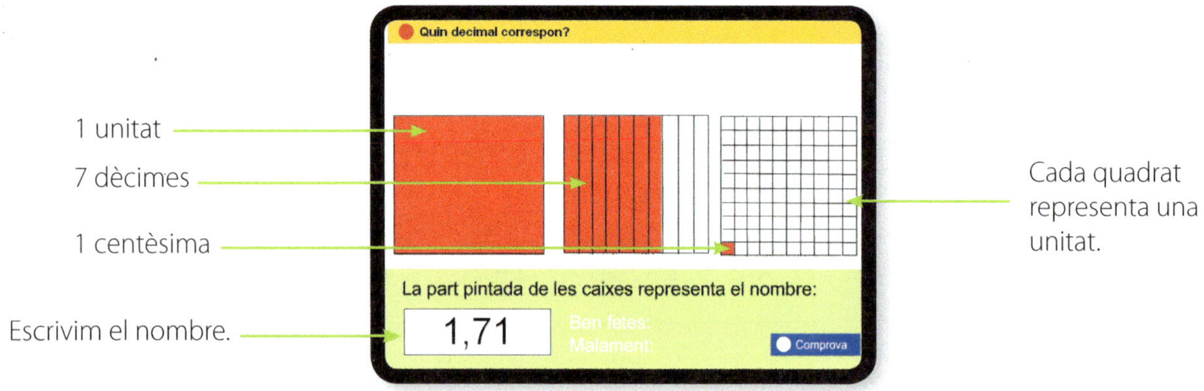

44 Indiqueu el nombre representat en cada cas:

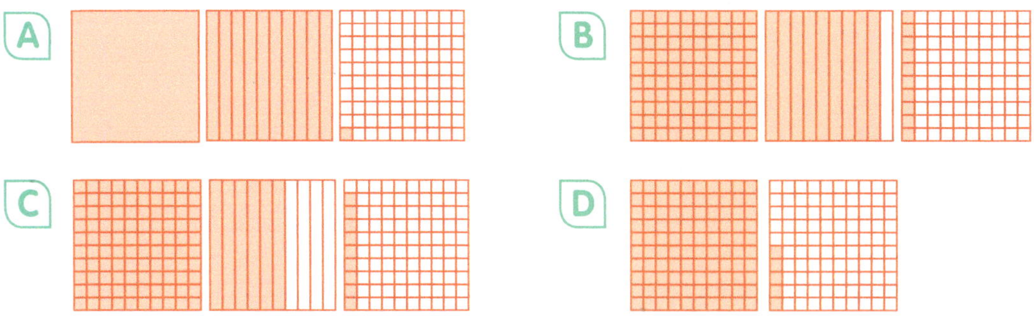

45 Representeu aquests nombres en un dibuix:

- 2,3
- 1,46
- 0,8
- 1,55
- 1,37
- 2,01

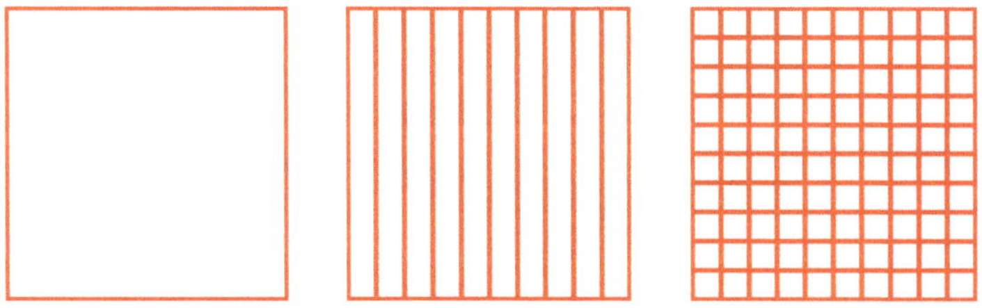

Zona clic

HE APRÈS

1 Descompon els nombres següents seguint l'exemple

135,24 = 1 C + 3 D + 5 U + 2 d + 4 c = 100 + 30 + 5 + 0,2 + 0,04

- 208,15
- 45.833,06
- 89.762,12
- 234,83

2 Disposa els termes en vertical i calcula:

- 125,3 + 487,6
- 254,08 + 7.612,6
- 215,24 – 18,37
- 249 × 2,5

3 Arrodoneix a la dècima més propera:

- 32,62
- 4.017,28
- 3.222,455
- 2.712,099

4 Expressa segons s'indica:

- 1 m 37 cm = ... m
- 78 mm = ... cm
- 12.354 m = ... km

5 Completa amb el menor nombre possible de monedes:

2,50 €						
84 ct.						
0,39 €						
1,97 €						

6 Expressa en euros quant costarà cada compra:

2,50 €

1,48 €

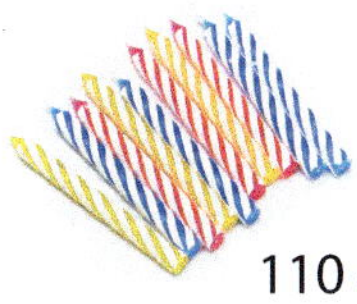

110 ct.

2,15 €

110 ct.

a) Un paquet de tovallons i unes espelmes.

b) Un paquet de plats, un paquet de serpentines i uns gots.

c) Uns gots i unes espelmes.

W Autoavaluació

PROJECTE

JUGUEM AMB LA SIMETRIA

La simetria ens facilita fer manualitats.

Què necessiteu

- Cartolines de colors.
- Fulls de paper de seda de colors.
- Regle i llapis.
- Tisores.

Com ho fareu

1r Una figura és simètrica quan la podem plegar per una línia imaginària i les dues meitats coincideixen.

La simetria ens permet obtenir figures retallant només la seva meitat.

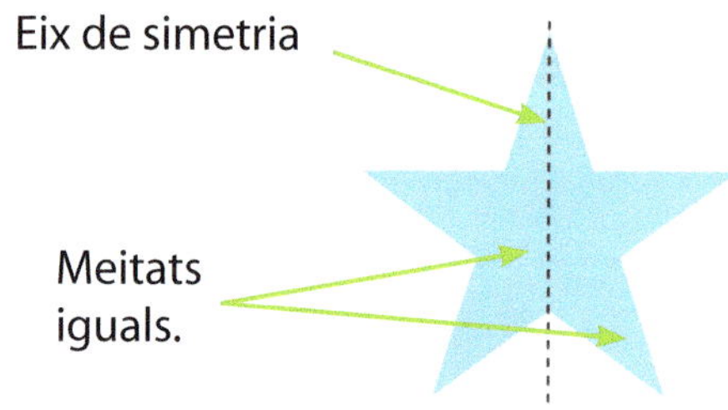

1r. Pleguem una cartolina per la meitat.

2n. Dibuixem la meitat de la figura.

3r. Retallem i despleguem.

Obteniu aquestes figures a partir d'una cartolina plegada per la meitat:

A 

B 

C 

D 

2n La simetria també ens facilita fer garlandes:

1r. Pleguem un paper en acordió.

2n. Dibuixem la meitat d'una figura simètrica.

3r. Retallem i despleguem.

10 cm

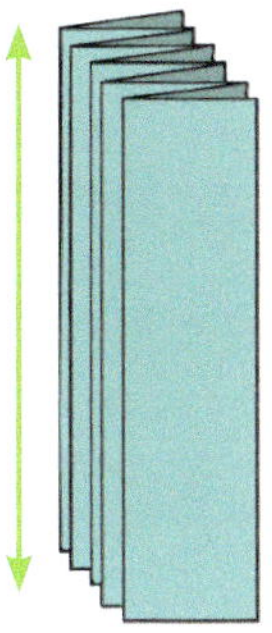

3 cm

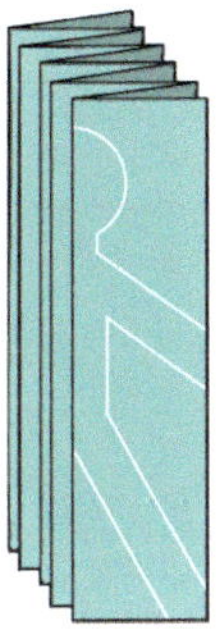

Proveu de fer aquestes garlandes aprofitant la simetria:

3r Aquestes figures s'han obtingut retallant una sola figura en un paper plegat. Intenteu reproduir-les.

La gran pregunta

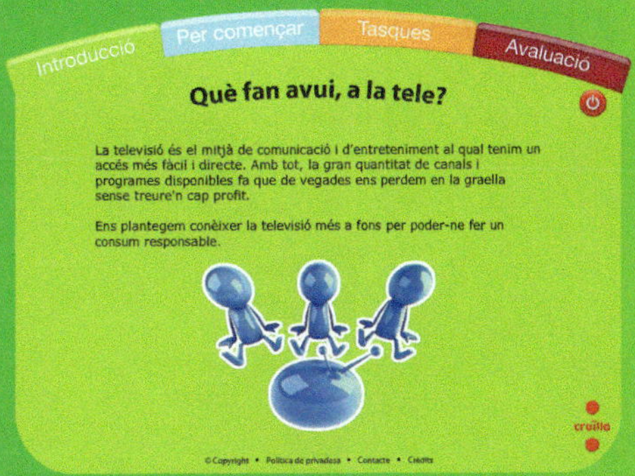

Estudiem la programació televisiva

Voleu saber quin tipus de programes fan a les televisions? No és difícil. A partir de les graelles de programació i uns petits coneixements d'estadística podem deduir les característiques de la televisió.

7 LONGITUD I TEMPS

Unitats de longitud i temps. Canvi d'unitats

W

Viatge virtual

QUÈ EN SABEM

1 Observeu la saltadora. Quina altura creieu que salta? Quina altura podeu saltar vosaltres?

2 Mesureu aquests segments. Com doneu la mesura?

3 Podeu estimar la mida de les papallones? Per què?

A

B

4 Quant mesura la girafa aproximadament?

EXPLOREM

5 Mireu aquests rellotges:

a) Per a què serveix cada rellotge?
b) Hi ha algun rellotge de paret a casa teva? I a la classe?
c) Sabries dir tres llocs de la teva localitat on hi hagi un rellotge?
d) Quins aparells ens permeten saber l'hora?

1. EL METRE

Necessitem mesurar tota mena de longituds:

L'amplada d'una papallona.

L'altura d'un edifici.

La longitud de l'equador.

La unitat principal de longitud és el **metre**. Es representa amb la lletra **m**.

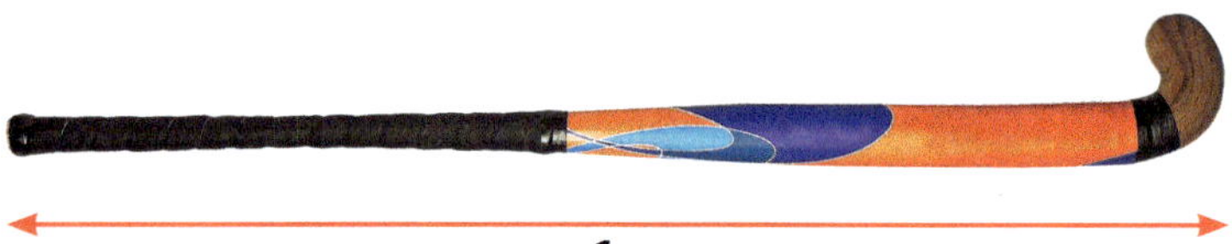

Un pal d'hoquei fa aproximadament 1 m.

6 Preneu la mida de la vostra alçada i la mida de la distància entre la punta dels dits de les dues mans estenent els braços en creu. Quina és la diferència de les dues mesures?

7 Hi ha molts tipus de metres:

A 

B 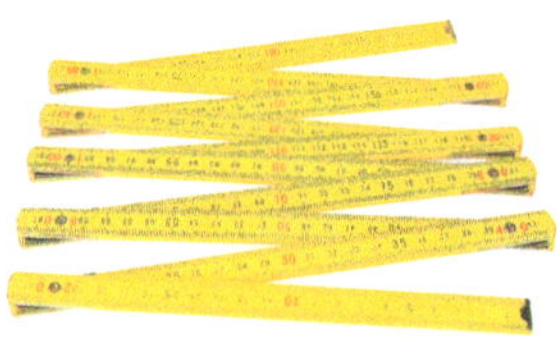

C 

a) Indiqueu qui fa servir cada un d'aquests metres. Quins avantatges i quins inconvenients tenen?

b) Feu una llista de cinc coses que facin més d'1 m.

2. UNITATS MÉS GRANS QUE EL METRE

La distància entre Coll Formic (Matagalls) i Montserrat és de 85.500 m.

Quan les distàncies són grans, resulta més còmode usar **múltiples del metre**:

El decàmetre (dam)

1 decàmetre (dam) són 10 metres.

dam	m
1	10

× 10 (dam → m) ; : 10 (m → dam)

L'hectòmetre (hm)

1 hectòmetre (hm) són 100 metres.

hm	m
1	100

× 100 (hm → m) ; : 100 (m → hm)

El quilòmetre (km)

1 quilòmetre (km) són 1.000 metres.

km	m
1	1.000

× 1.000 (km → m) ; : 1.000 (m → km)

8 Expresseu les distàncies indicades al diagrama de l'excursió Matagalls-Montserrat en quilòmetres.

9 Quina distància us sembla que podeu recórrer en 1 minut? I en 1 quart d'hora? Comproveu-ho i compareu les distàncies.

10 Amb quina unitat mesuraríeu aquestes longituds?

a) L'alçada de l'estàtua de Colom.
b) La distància de Barcelona a París.
c) La longitud d'un camió.
d) La façana de l'escola.

3. UNITATS MÉS PETITES QUE EL METRE

De les unitats més petites que el metre en diem submúltiples del metre. Els que fem servir més són el **decímetre** (dm), el **centímetre** (cm) i el **mil·límetre** (mm):

El decímetre (dm)

1 metre són
10 decímetres (dm).

m 1 → × 10 → dm 10
dm 10 → : 10 → m 1

El centímetre (cm)

1 metre són
100 centímetres (cm).

m 1 → × 100 → cm 100
cm 100 → : 100 → m 1

El mil·límetre (mm)

1 metre són
1.000 mil·límetres (mm).

m 1 → × 1.000 → mm 1.000
mm 1.000 → : 1.000 → m 1

11 La mida mínima autoritzada de pesca del seitó és la indicada. Quins d'aquests exemplars de seitó podrem pescar?

- 1 dm 3 cm
- 79 mm
- 0,6 dm
- 15 cm
- 1 dm 1 mm

12 Indiqueu en quina unitat expressaríeu aquestes mesures:

a) La longitud de les ales d'una mosca.
b) La llargada de la pàgina d'aquest llibre.
c) L'amplada de la porta de la classe.
d) L'amplada d'una fulla de plàtan.
e) El gruix d'una galeta.
f) La teva alçada.

W Dictats matemàtics

4. MESUREM AMB UNITATS DIFERENTS

La Judit ha mesurat l'alçada de tots els membres de la seva família:

La Judit ha anotat les dades en aquesta taula:

	Metres	Decímetres	Centímetres	
Germana		9	1	← 9 dm 1 cm
Judit	1	3	7	← 1 m 3 dm 7 cm
Germà	1	3	4	← 1 m 3 dm 4 cm
Pare	1	8	3	← 1 m 8 dm 3 cm
Mare	1	7	2	← 1 m 7 dm 2 cm

Podem expressar una mesura amb dues o més unitats.

13 Passeu les mesures a la mateixa unitat i ordeneu-les de curtes a llargues:

3 m 23 cm • 17 m • 2 m 9 cm • 9 m 9 cm • 86 cm • 1 m 80 cm

14 Associeu les mesures equivalents:

12,43 m • 6,5 m • 0,65 m • 3,4 m • 34 dm • 6,5 dm • 12 m 43 cm
0,65 dam • 34 m • 1.243 cm • 65 dm • 3,4 dam • 340 cm • 65 cm • 340 dm

Q Pàgines 51, 52 i 53

5. EXPRESSEM MESURES AMB DECIMALS

Tots fan més d'1 m (100 cm). Ho podem escriure així:

1,43 m - 1,35 m - 1,36 m - 1,39 m

La coma separa la unitat amb què mesurem de les unitats de valor inferior:

m	dm	cm	
3 ,	4	5	m

km	hm	dam	m	
6 ,	3	2	8	km

15 Completeu les equivalències:

- 4,5 m = ... cm
- 2 m = ... cm
- 2,8 dm = ... cm
- 45 m = ... cm
- 6 km = ... m
- 489 dm = ... m
- 0,7 km = ... m
- 48 cm = ... m

16 Ordeneu de petit a gran:

3 m • 874 dm • 0,98 km • 35 cm • 8.456 cm • 0,34 km • 2,5 m • 68 dm

17 Observeu el circuit:

a) Quina longitud té? Expresseu-ho en quilòmetres i en metres.

b) Si fem 5 voltes, quina distància recorrerem?

c) I si em fem 15?

6. EL CALENDARI. ELS MESOS DE L'ANY

Un any és el temps que triga la Terra a fer una volta completa al voltant del Sol.

Any convencional:
365 dies

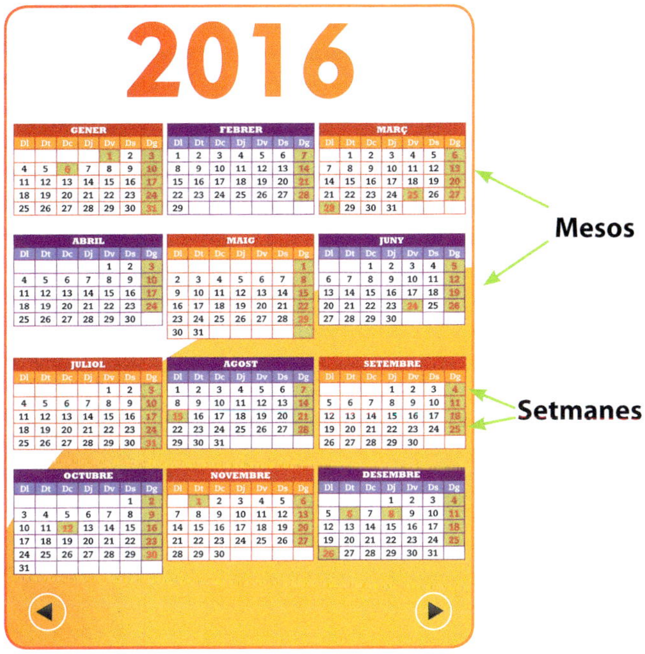

Any de traspàs:
366 dies

Un any té 365 dies. Cada quatre anys, hi ha un any de 366 dies, que anomenem any de traspàs.

18 Observeu els calendaris i contesteu:

a) Quants dies té cada mes de l'any?

b) Quin és el mínim de setmanes completes que té un any? I el màxim?

c) Tenint en compte que el 2016 és un any de traspàs, escriviu els dotze pròxims anys de traspàs després d'aquest.

19 Digueu quin dia, mes i any vau néixer. Quants anys, mesos i dies teniu de vida?

20 Indiqueu els dies que han passat entre les dues dates.

W Dictats matemàtics

7. EL DiA i LES HORES

Un dia té 24 hores. La major part de les activitats quotidianes les fem durant les hores de llum. Aquest és l'horari de la Carlota un dia d'escola:

I aquests són els horaris dels pescadors, segons el tipus de pesca que practiquin:

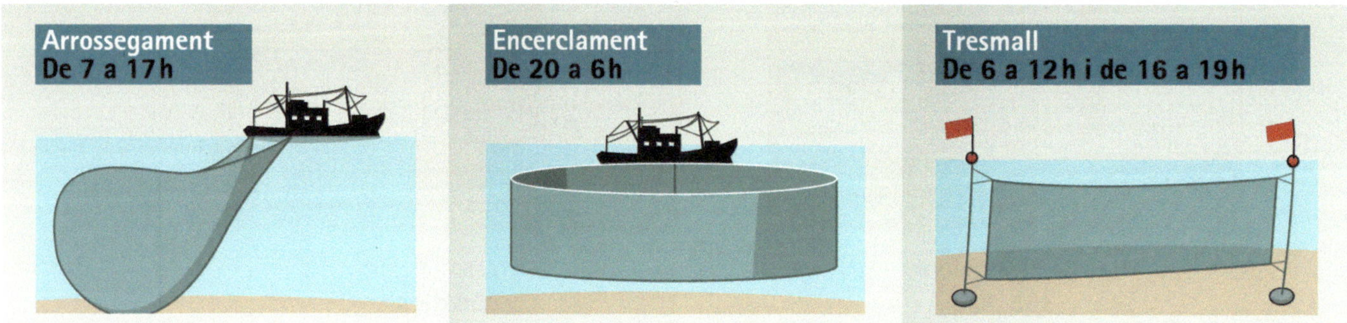

21 Indiqueu a quin tipus de pesca correspon cada horari:

	1	2	3	4	5	6	7	8	9	10	11	12	13	14	15	16	17	18	19	20	21	22	23	24
A																								
B																								
C																								

22 Feu una llista de 5 feines nocturnes. Coneixeu algú que treballi de nit?

23 En un diagrama de 24 h, assenyaleu l'horari de cadascú:

- Infermera de nit: de 10 del vespre a 8 del matí.
- Treballador de banca: de 8 del matí a 3 de la tarda.
- Venedora d'una fleca: de 6 del matí a 2 del migdia.
- Cambrer de menjador: de 7 a 10, de 13 a 16 i de 20 a 23.

8. HORES, MINUTS I SEGONS

En aquest rellotge digital, hi ha tres nombres de dues xifres. Indiquen, d'esquerra a dreta, les hores (h), els minuts (min) i els segons (s):

1 minut = 60 segons

1 hora = 60 minuts

24 Calculeu quants segons són:

- 2 minuts
- Un quart d'hora
- 10 minuts
- 1 hora

25 Trieu la unitat adequada per a cada situació:

Hores | Minuts | Segons

- Llegir 120 paraules.
- Dinar.
- Anar d'Olot a Sort.
- Rentar-se les dents.
- Espetegar els dits.
- Córrer 100 metres.

26 Completeu aquestes equivalències de temps:

- 2 h = ... min
- 30 min = ... s
- Un quart d'hora = ... min
- 2 dies = ... h
- 96 h = ... dies
- 180 s = ... min

27 Indiqueu quant de temps ha transcorregut:

9. LLEGiM EL RELLOTGE

Els rellotges de busques i els rellotges digitals marquen l'hora de manera diferent, però es llegeixen igual:

Les 9 en punt.

Les 10 i cinc.

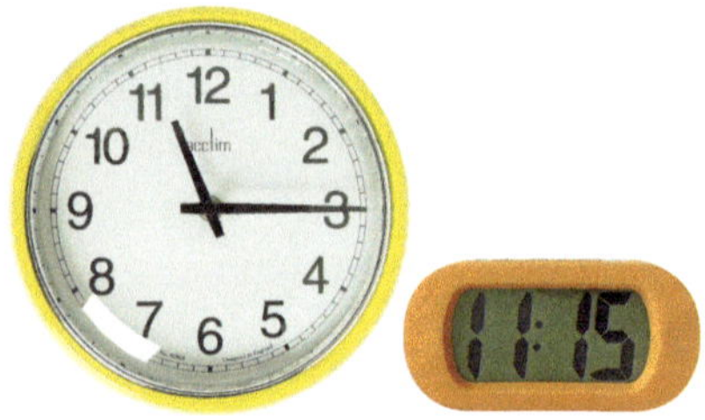

Un quart de dotze.

Un quart i 5 de 6.

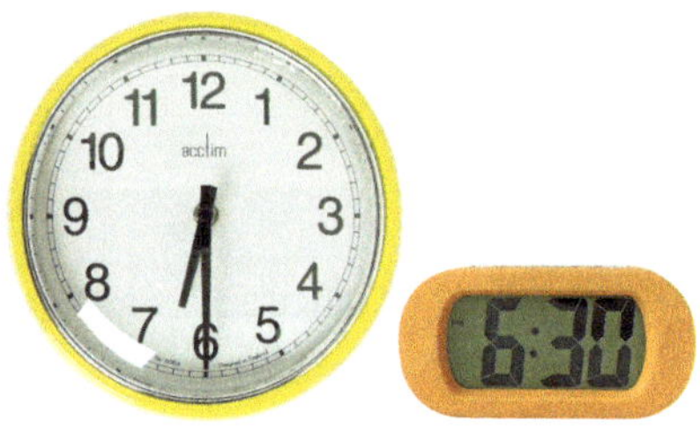

Dos quarts de 7.

Tres quarts de 8.

28 Indiqueu l'hora que marquen aquests rellotges:

A 

B 

C 

D 

- Dibuixeu les hores en un rellotge digital.

29 Dibuixeu en un rellotge de busques aquestes hores:

- 2/4 de 4.
- Les 3 en punt.
- 1/4 de 7.
- 3/4 de dotze.

30 Hem sortit del refugi a dos quarts de 10 del matí i hem arribat al cim a la 1 del migdia. Quant hem trigat?

Q Pàgines 54, 55 i 56

W Dictats matemàtics

10. LÍNIES DEL TEMPS

Representar sobre una línia els esdeveniments ens ajuda a entendre la història.

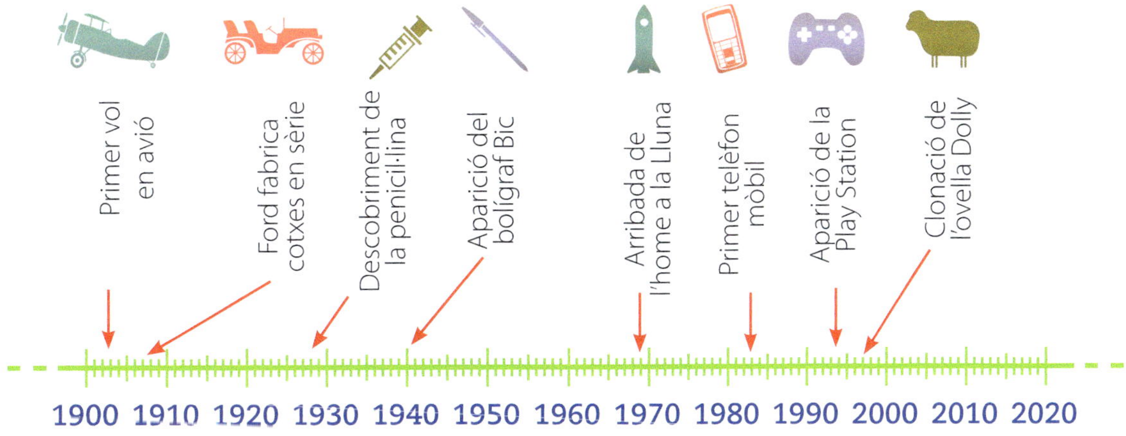

31 Observeu la línia del temps de l'explicació anterior.

a) A quin any es va produir exactament cada un dels esdeveniments indicats?

b) Busqueu la data d'aquests fets històrics i col·loqueu-los a la línia del temps:

- Final de la 2a guerra mundial.
- Principi de la 1a guerra mundial.
- Final de la Dictadura a Espanya.
- Primer ordinador personal (IBM PC).

32 Dibuixeu una línia com aquesta. El setembre comença el curs.

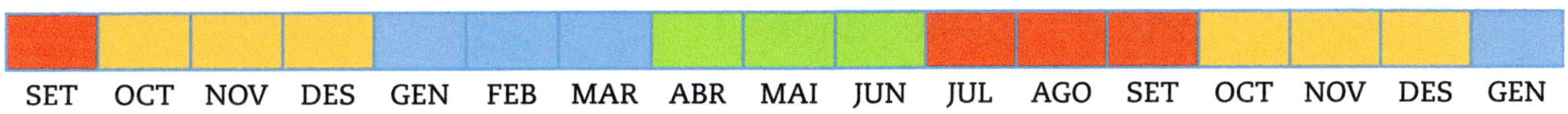

Anoteu-hi aquestes dates:

- L'inici del curs.
- Sant Jordi.
- El final del curs.
- L'inici de la primavera.
- La nit de cap d'any.
- El solstici d'estiu.

33 Feu la línia de la vostra "història personal" i marqueu-hi els esdeveniments més importants per a vosaltres.

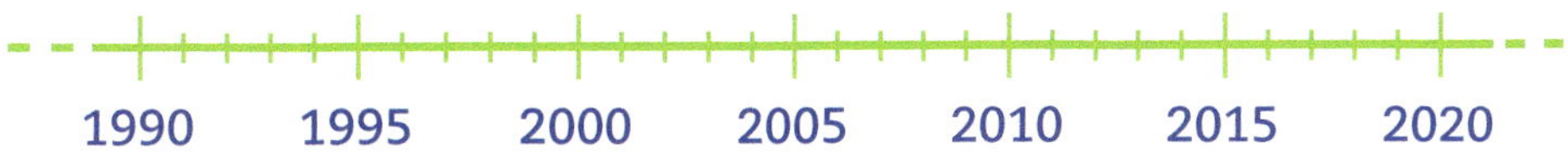

ENUNCIAT: Escrivim problemes a partir d'una taula horària

A partir de la graella de programació de TV3, inventeu sis problemes.

Podem preguntar per la durada d'un programa, podem demanar quin és el programa més llarg, etc. Vegem-ho:

a) Quin és el programa de més durada? Quant dura?

b) Quin és el programa més curt? Quant dura?

c) Quant de temps transcorre entre el final del Telenotícies migdia i el principi del Telenotícies vespre?

- Inventeu-vos els tres que falten i resoleu-los tots.

Matí	08:00	Els matins
	13:28	Espai Terra
Tarda	14:00	Telenotícies comarques
	14:30	Telenotícies migdia
	15:44	Cuines
	15:58	La Riera
	16:44	Divendres
Vespre	19:12	El Faro, cruïlla de camins
	20:09	El Gran Dictat
	21:00	Telenotícies vespre
Nit	22:03	.Cat
	23:38	Pel·lícula
	01:35	Món 324

34 Aquest és el programa de la Festa Major d'Ornius de Baix. Inventeu-vos tres problemes a partir d'aquestes dades:

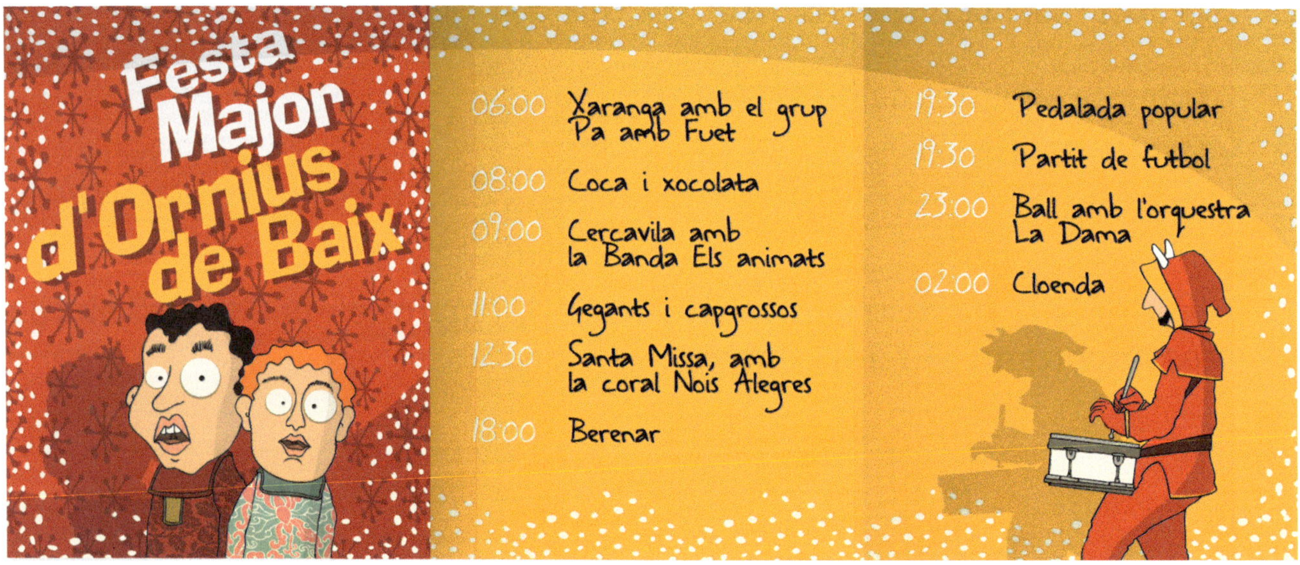

RESOLUCIÓ: Unifiquem les unitats de mesura

Per fer una bossa per a la mare necessitem:
– 60 cm de roba de flors (9 € el metre)
– 1,4 m de roba lila amb quadrets (12 € el metre)
– 50 cm de roba blanca (7 € el metre)
a) Quanta roba necessitem en total?
b) Quant ens costarà la roba que necessitem?

a) Per saber la roba que necessitem hem de comptar o bé en metres o bé en centímetres. Ho passarem tot a metres perquè el preu és en metres:

- Roba de flors: 60 cm = 0,6 m
- Roba lila: 1,4 m
- Roba blanca: 50 cm = 0,5 m

Sumem les quantitats:

$$0{,}6 \text{ m} + 1{,}4 \text{ m} + 0{,}5 \text{ m} = 2{,}5 \text{ m}$$

Necessitem 2,5 m.

b) Calculem el que ens costarà:

$$0{,}6 \times 9 + 1{,}4 \times 12 + 0{,}5 \times 7 = 5{,}4 + 16{,}8 + 3{,}5 = 25{,}7$$

Ens costarà 25,70 €.

35 Per fer el vestit per al ball de final de curs necessitem per a cada un de nosaltres 80 cm de roba groga i 1,2 m de roba blava. La roba ens costa 5 €/m. Quin és el preu de la disfressa?

36 Resoleu aplicant les vostres destreses:

Per fer una armilla d'esports necessitem 0,5 m de roba. Volem fer tres jocs de 12 armilles. La roba va a 4,50 € el metre.

a) Quants metres de roba necessitarem?

b) Quant ens costarà la roba de totes les armilles?

Q Pàgina 57

W Dictats matemàtics

Desxifrem enigmes

2 - 4

Resoleu l'enigma per parelles i en grups de 4 formuleu-ne un.

37 Seguiu aquests passos:

1r. Per parelles, resoleu l'enigma plantejat.

2n. En grups de 4, plantegeu un enigma com el proposat amb aquests nois. Heu de pensar un nom per a cadascú.

Expliqueu l'estratègia que heu seguit.

38 Avalueu-vos:

Heu resolt l'enigma? Us ha ajudat compartir les dificultats amb un company? Heu sabut crear-ne un?

Q Pàgina 58

CÀLCUL MENTAL

Fem la resta més fàcil descomponent

78 – 56 ← **8** és més gran que **6**

70 – 50 = 20
8 – 6 = 2
→ 20 + 2 = 22

83 – 56 ← **3** és més petit que **6**

De 56 a 60 → 4
De 60 a 83 → 23
→ 4 + 23 = 27

39 Trieu en cada cas la resta més fàcil:

A	B	C	D
78 – 45	85 – 32	87 – 32	194 – 41
78 – 49	85 – 46	87 – 19	194 – 48

40 Completeu les piràmides. La casella superior és la suma de les inferiors.

Superior	Inferior esquerra	Inferior dreta
146	72	
83		66
122		59
87	33	
142		77
81		43

41 Portem 87 euros. Quant ens quedarà en comprar cada jersei?

W El joc del càlcul

Zona Clic

Català | **Matemàtiques** | Ciències | Música | Castellà

Quina hora és?

En aquesta pàgina trobaràs una activitat sobre el temps:

www.e-cruilla.cat/rellotges

Fletxes de navegació.

42 Llegiu les explicacions que s'ofereixen i feu les activitats. Per navegar, heu de clicar a les fletxes:

Activitats de relacionar rellotges amb lectures de l'hora (primera part).

Activitats de relacionar rellotges digitals amb rellotges analògics (segona part).

Activitats de calcular el temps transcorregut entre dos moments (tercera part).

W Zona clic

HE APRÈS

1 Quant fa cada objecte: menys d'1 m, prop d'1 m o més d'1 m?

2 Quina distància et sembla que pot recórrer cadascú en 1 hora?

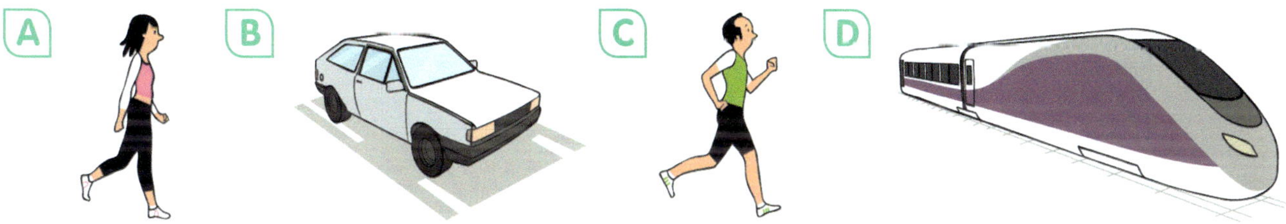

3 Completa les equivalències:

- 200 cm = ... m
- 6 km = ... dam
- 3.200 m = ... km
- 32 hm = ... m

4 Escriu quina hora marca cada rellotge

5 Per fer una corda llarga per saltar, ajuntem les cordes de quatre de nosaltres: la de la Lamya de 150 cm, la d'en Joel de 2 m, la de la Laia d'1 m i 65 cm, i la de la Binto de 18 dm. Per cada nus que fem es perden 20 cm de corda. Quant farà la corda?

W Autoavaluació

8 ELS COSSOS GEOMÈTRICS

Poliedres i cossos rodons. Probabilitat

QUÈ EN SABEM

1. Els edificis de la fotografia tenen forma polièdrica. Quins poliedres hi reconeixeu?

2. Quins cossos representen aquestes espelmes?

Feu una llista d'objectes que tinguin aquestes formes.

3. Aquests minerals tenen forma de poliedre. Com els descriuríeu?

EXPLOREM

4. A la bossa tenim 6 boles blanques i 6 boles grogues. Quantes n'hem de treure, sense mirar, per obtenir-ne amb seguretat dues d'iguals?

5. Observeu la moneda. Sabríeu dir segur de quin costat caurà?

Proveu-ho vosaltres i expliqueu les conclusions a què arribeu.

1. POLIEDRES I COSSOS RODONS

Els cossos geomètrics són objectes de tres dimensions que ocupen un volum. Distingim dos tipus de cossos geomètrics: els poliedres i els cossos rodons.

Els **poliedres** tenen totes les cares planes.

Els **cossos rodons** tenen una o més superfícies corbes.

Els elements d'un poliedre són:

Cara. És la superfície exterior.

Vèrtex. És el punt on es troben tres o més arestes.

Aresta. És la línia on es troben dues cares.

6 Classifica els cossos segons que siguin poliedres o cossos rodons:

A

B

C

D

E

F

7 Quins d'aquests elements poden rodolar? Com els anomenem?

A

B

C

D

E

F

2. ELS PRISMES

Molts edificis i moltes capses tenen forma de prisma.

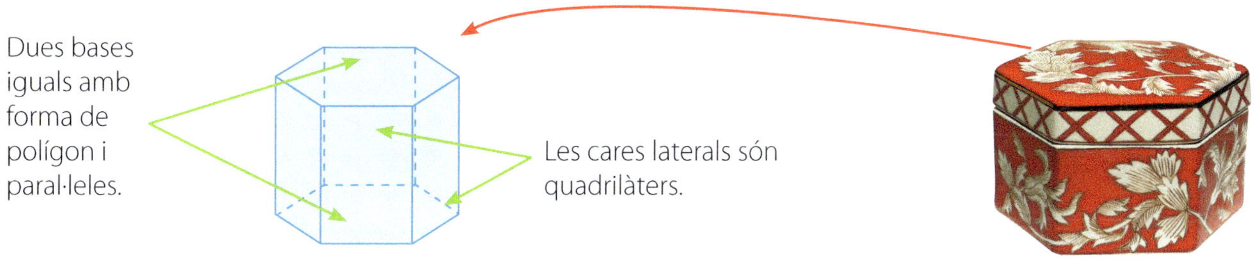

Si despleguem la capsa, obtenim el seu desenvolupament pla:

Els **prismes** tenen dues cares iguals o **bases** i cares laterals amb forma de paral·lelogram.

8 Indiqueu el nombre de cares, vèrtexs i arestes d'aquests prismes:

A	B	C	D
Prisma triangular	Prisma rectangular	Prisma pentagonal	Prisma hexagonal

9 Feu una col·lecció de capses amb forma de prisma de mides i proporcions diferents. Per què creieu que aquesta forma és tan habitual?

10 Amb aquest desenvolupament podem construir un prisma. Com serà? Dibuixeu-lo.

3. ELS ORTOEDRES

Els prismes rectangulars rectes s'anomenen **ortoedres**. Totes les cares són rectangles o quadrats, i els angles, rectes.

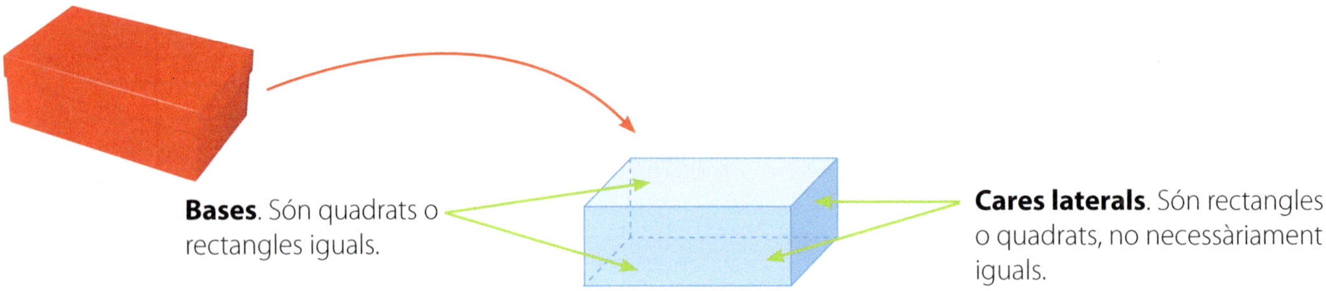

Si despleguem la capsa, obtenim el seu desenvolupament pla:

Els **ortoedres** són prismes rectangulars rectes.

11 Amb quines peces podrem fer un ortoedre?

12 Quines gomes d'esborrar són ortoedres? Raoneu la resposta.

Q Pàgines 59 i 60

W Dictats matemàtics

4. EL CUB

Un ortoedre especial és el cub. Les sis cares del cub són quadrats.

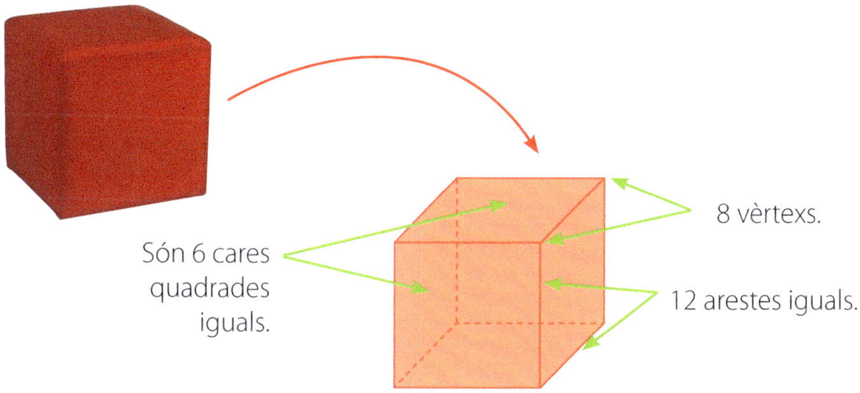

Vegem-ne el desenvolupament pla:

El cub o hexaedre és un cos geomètric de 6 cares quadrades.

13 Quins desplegaments creieu que formaran un cub i quins no? Per què?

A 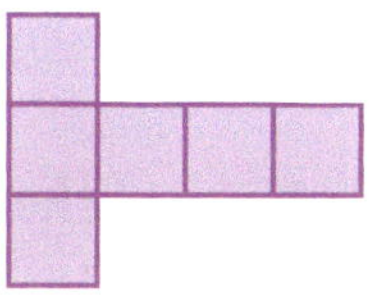

B 

C 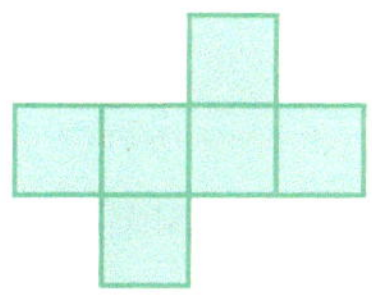

D 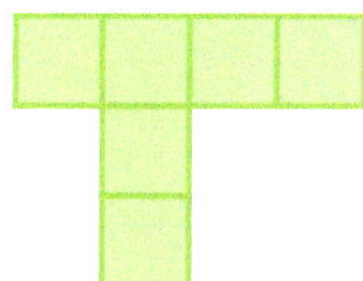

14 Quants cubs s'han utilitzat per fer aquestes construccions?

A 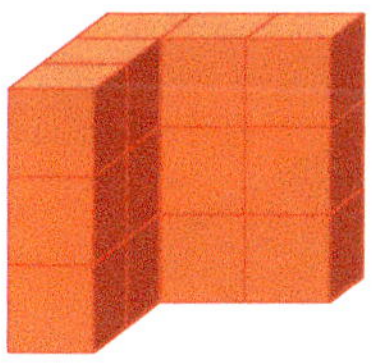

B 

C 

D 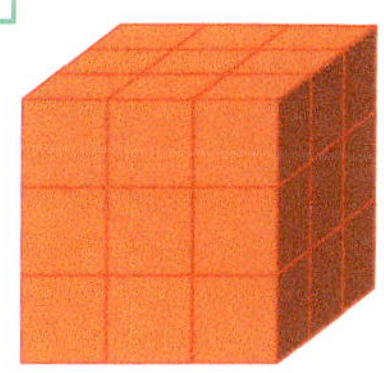

Q Pàgina 61

5. LES PIRÀMIDES

Les **piràmides** són poliedres amb una base poligonal i cares laterals amb forma de triangle.

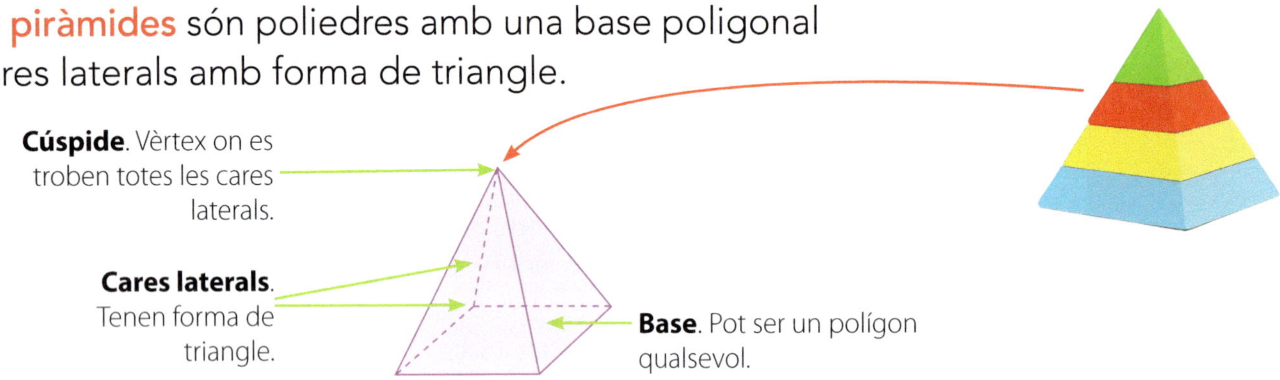

A partir d'una capsa en forma de piràmide, obtenim el seu desenvolupament pla:

Una **piràmide** té tantes cares laterals triangulars com costats té la base.

15 Indiqueu el nombre de cares, arestes i vèrtexs d'aquestes piràmides:

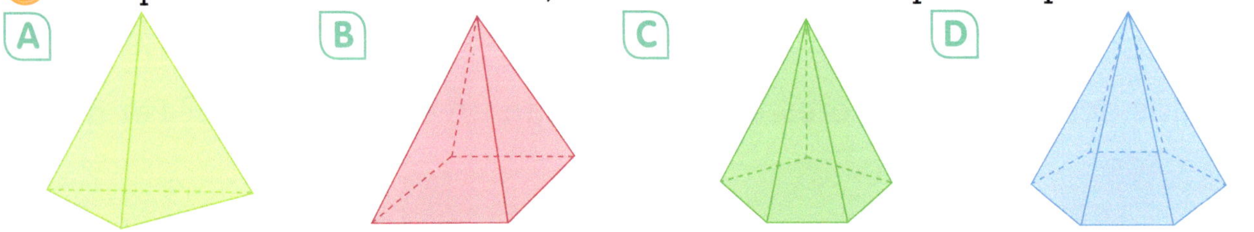

A **Piràmide triangular**

B **Piràmide quadrangular**

C **Piràmide pentagonal**

D **Piràmide hexagonal**

16 Amb quines peces podrem fer una piràmide?

Q Pàgina 62

6. EL CILINDRE

El **cilindre** és un cos rodó amb dues bases circulars i una superfície corba.

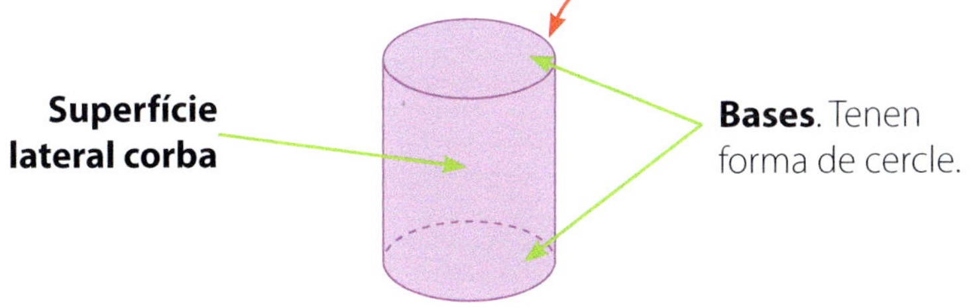

Si despleguem una capsa cilíndrica, n'obtenim el desenvolupament:

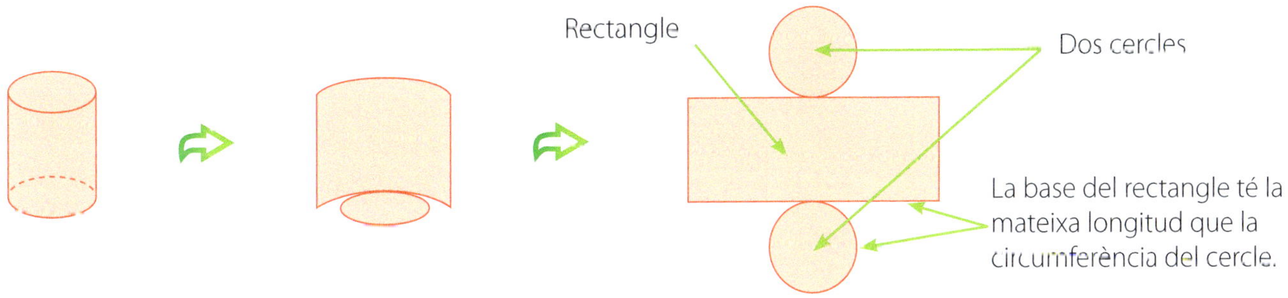

17 Els cilindres poden rodolar sobre la superfície corba. Com es desplacen?

a) En totes direccions.

b) En línia recta.

c) Descrivint un cercle.

18 Per construir un cilindre de paper igual que una llauna, quines mides prendreu?

19 Busqueu cinc objectes en forma de cilindre.

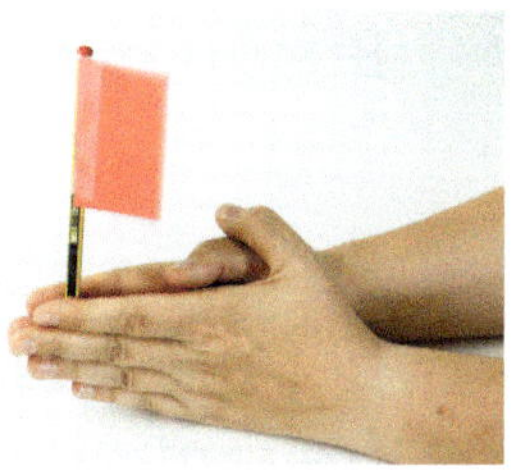

20 Retalleu un rectangle i enganxeu-lo a un llapis. Feu-lo rodar ràpidament fregant el pal entre les dues mans. Què observeu?

W Dictats matemàtics

7. EL CON

El **con** té una base circular i una superfície corba.

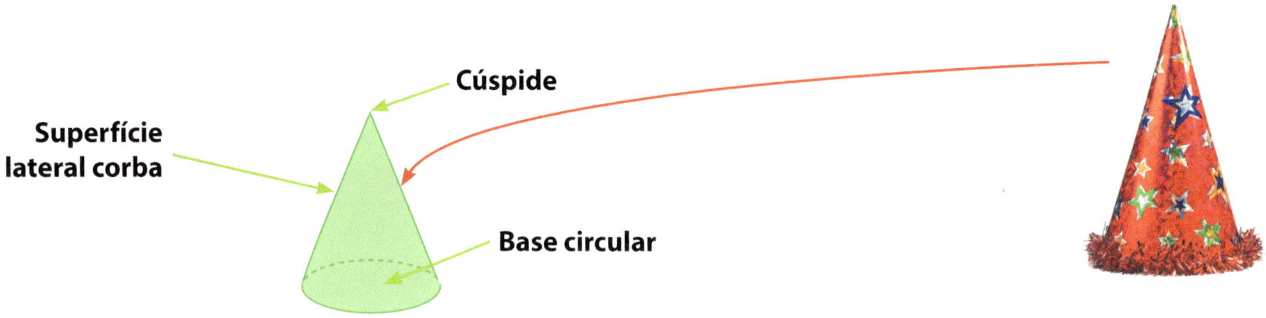

Si despleguem una capsa cònica, obtenim el desenvolupament del con:

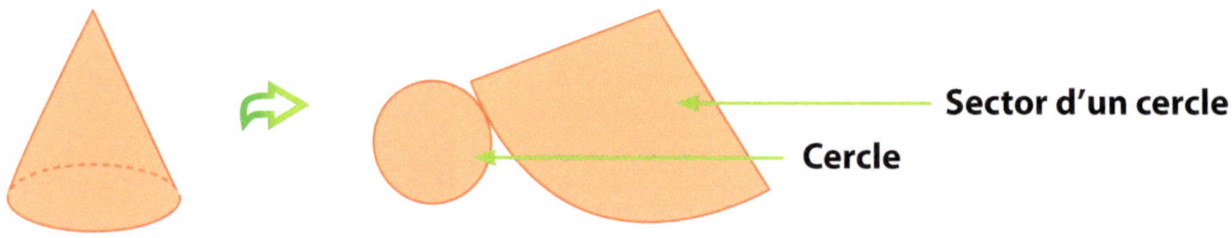

21 Els cons poden rodolar sobre la superfície corba. Com es desplacen?

a) En totes direccions.

b) En línia recta.

c) Descrivint un cercle.

22 Aquests objectes tenen forma cònica. Per a què serveixen?

A 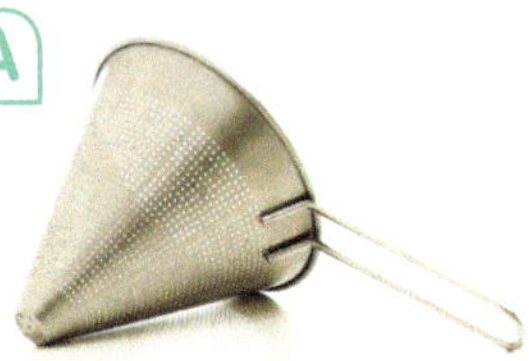

B 

C 

D 

23 Busqueu cinc objectes en forma de con i feu-ne fotos.

24 Retalleu un triangle rectangle i enganxeu-lo a un llapis per un dels costats curts. Feu-lo rodar ràpidament fregant el pal entre les dues mans. Què observeu?

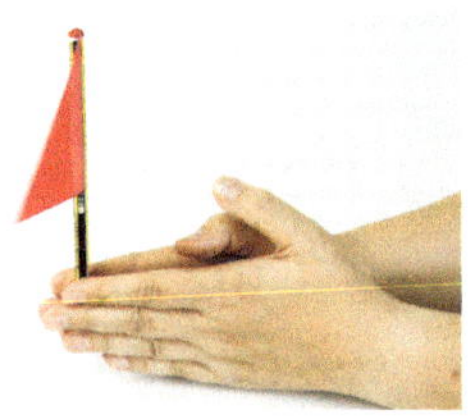

8. L'ESFERA

L'esfera és un cos rodó limitat per una superfície corba. Tots els punts de la superfície estan a la mateixa distància del centre.

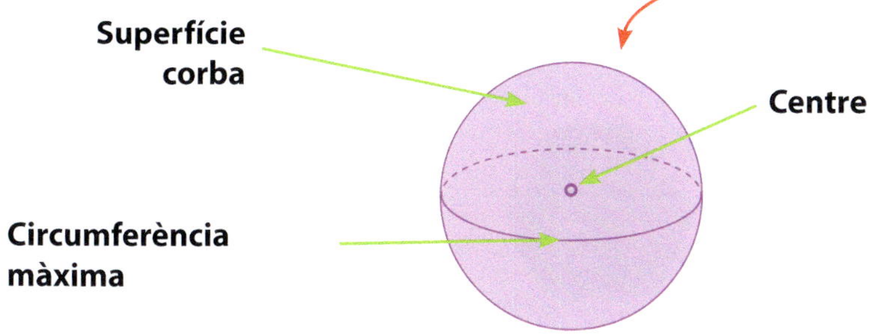

Les esferes roden en qualsevol direcció. Per això es fabriquen amb aquesta forma els objectes que s'han de moure amb facilitat.

> No podem fer el desenvolupament pla d'una esfera.

25 Les esferes rodolen sobre elles mateixes. Com?

a) En totes direccions.

b) En línia recta.

c) Descrivint un cercle.

26 Envolteu el perímetre d'una pilota de ping-pong amb una serpentina, talleu-la i mesureu-la. Quantes pilotes de ping-pong caben sobre la cinta?

27 En què s'assemblen una esfera i un ou? En què es diferencien? Per què et sembla que els ocells fan els ous amb aquesta forma?

28 Busqueu cinc objectes en forma esfèrica.

29 Retalleu un semicercle i enganxeu-lo a un llapis. Feu-lo rodar ràpidament fregant el llapis entre les dues mans. Què observeu?

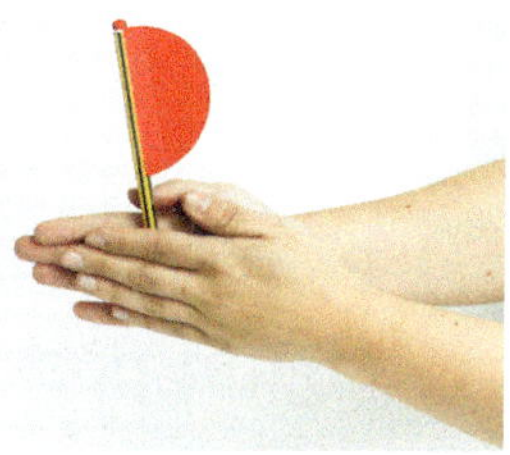

Q Pàgina 63

9. POSSIBLE, IMPOSSIBLE I SEGUR

• Esdeveniments possibles i esdeveniments impossibles

Quan tirem un dau, podem obtenir diferents resultats.

Podem treure 1, 2, 3, 4, 5 o 6. Treure un 6 és un esdeveniment possible, mentre que treure un 7 és un esdeveniment impossible.

Dau cúbic

Dau dodecaèdric

Podem treure 1, 2, 3, 4, 5, 6, 7, 8, 9, 10, 11 o 12. Treure un 7 és un esdeveniment possible, mentre que treure un 15 és un esdeveniment impossible.

• Esdeveniment segur

Aquest dau és especial: només té cincs a les cares.

Treure un 5 és un esdeveniment segur.

Si un esdeveniment es pot produir, diem que és possible. Si no es pot produir, és impossible. Si es produeix en qualsevol circumstància, és un esdeveniment segur.

30 Indiqueu si es tracta d'esdeveniments possibles, segurs o impossibles:

a) Que surti cara quan llancem una moneda.
b) Que treguis una bona nota de matemàtiques.
c) Que et toqui la loteria si no tens cap bitllet.
d) Que et toqui la loteria si tens 5 bitllets.
e) Que surti un número de l'1 al 6 si tirem un dau cúbic.

31 Penseu 4 esdeveniments que passin a l'escola i que siguin segurs, 4 que siguin possibles i 4 que siguin impossibles.

W Dictats matemàtics

10. PROBABILITAT

• Igual de probable, més probable i menys probable

Quan tirem una moneda, treure cara i treure creu tenen la mateixa probabilitat:

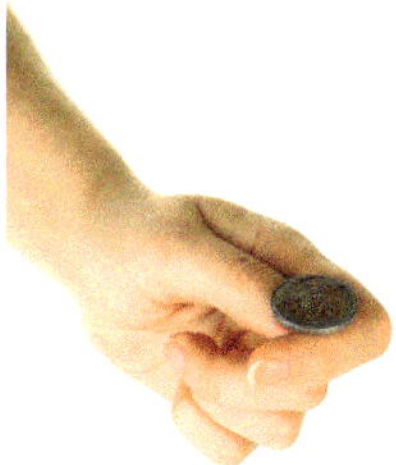

Tirem la moneda enlaire.

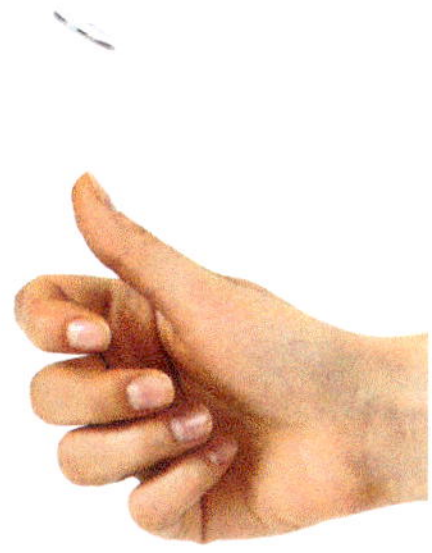

Mirem què surt

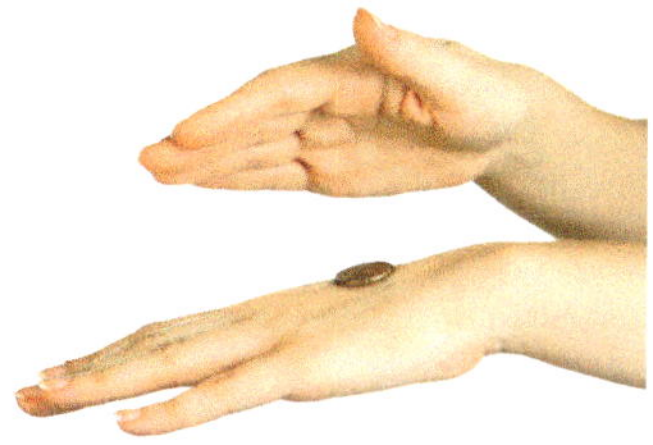

Un esdeveniment pot ser més o menys probable que un altre.

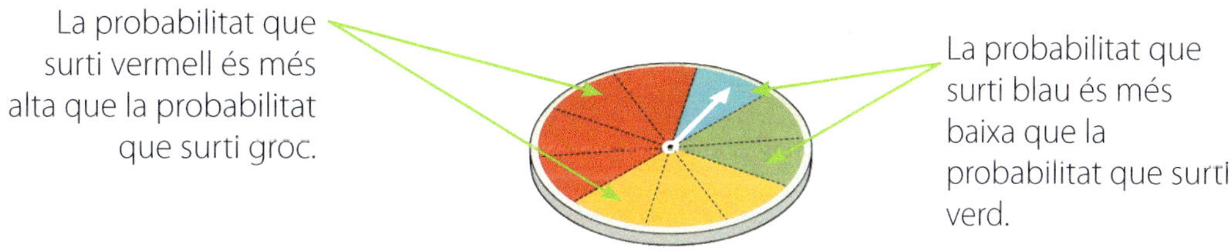

• Poc probable, bastant probable i molt probable

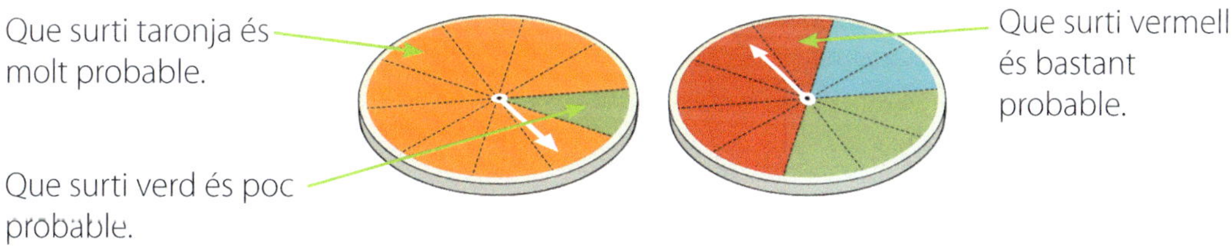

32 Indiqueu en cada ruleta si treure vermell és poc, bastant o molt probable:

A 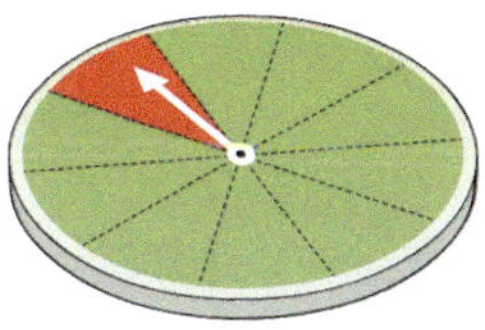
B 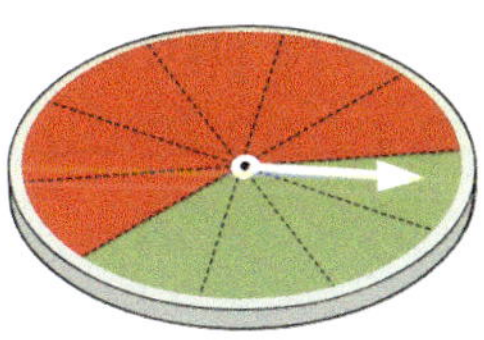
C 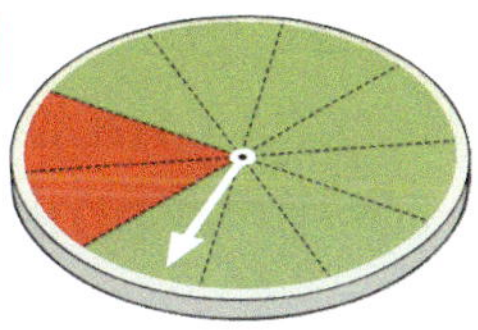
D 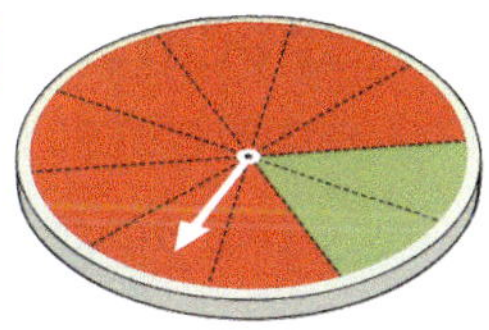

33 Llanceu 40 vegades una xinxeta. Apunteu quantes vegades queda dreta i quantes vegades queda inclinada. Què és més probable?

Q Pàgina 64

TALLER DE PROBLEMES

ENUNCIAT: Escrivim problemes a partir d'una operació

En una granja hi ha aquests animals:

- 6 ovelles
- 8 porcs
- 5 oques
- 17 gallines
- 4 galls d'indi
- 15 conills

Plantegeu per a cada operació una pregunta que es respongui amb les dades de la granja:

a) 17 + 4 + 5   b) 8 – 6

a) Ens fixem a què correspon cada terme de la suma:

- 17: gallines
- 4: galls d'indis
- 5: oques

Veiem que són tots els ocells. La pregunta pot ser: *Quants ocells hi ha a la granja?*

b) Ens fixem a què correspon cada terme de la diferència:

- 8: porcs
- 6: ovelles

Tractant-se d'una diferència, la pregunta pot ser: *Quants porcs hi ha més que ovelles?*

34 En una pastisseria ofereixen capses de macarrons, bombons, galetes i trufes als preus indicats. Inventeu-vos una pregunta per a cada operació que es resolgui amb les dades de la situació:

a) 12 × 5   b) 18 – 10
c) 15 × 2 + 18 × 3   d) 15 : 3
e) 12 + 15 + 18   f) 12 : 4
g) 15 + 15 +15   h) 2 × 15 – 2 × 10

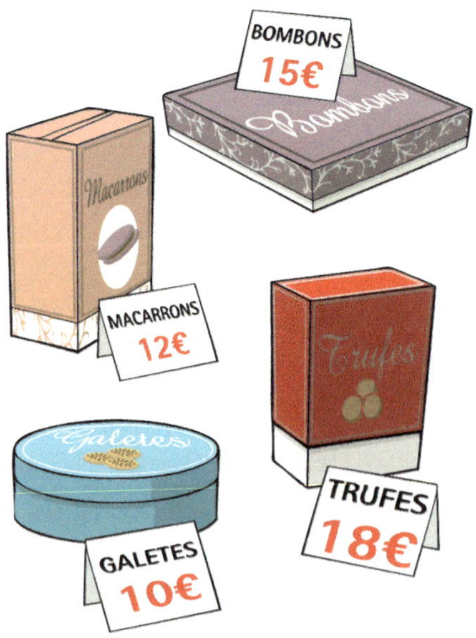

RESOLUCIÓ: Representem gràficament

Avui en Pau ha anat a comprar una síndria al mercat. La mare li ha dit que no pagués més de 2,50 € el quilo. En Pau ha tornat a casa amb una síndria de 2,75 quilos, i ha pagat 5,50 €. Ha pagat més o menys de 2,50 € per quilo?

2,75 kg de síndria equival a 2 kg i 3/4. Representem cada quilo per mitjà d'un rectangle dividit en quarts.

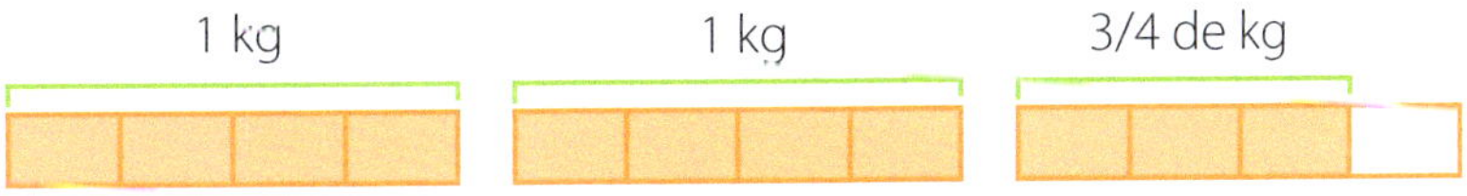

En total, són 11 quarts.

Hem pagat 5,50 €. Si ho expressem amb monedes de 50 ct., n'obtenim 11:

Tenim 11 monedes de 50 ct. i 11 quarts de quilo. Per tant, per cada quart de quilo hem pagat 50 ct. El quilo ens ha costat:

$$4 \times 0{,}50\ € = 2\ €$$

Ha pagat menys de 2,50 € el quilo.

35 Per anar amb cotxe de Barcelona al poble on viuen els cosins hem consumit dos dipòsits de benzina. El dipòsit té una capacitat de 40 L. Si el cotxe gasta uns 5 L cada 100 km, quants quilòmetres hem fet?

36 Resoleu aplicant les vostres destreses:

Un elefant i una zebra es van enfilar junts sobre una bàscula i aquesta va marcar 4.460 kg. Sabem que la zebra pesava 90 kg menys que un cavall de 400 kg. Quant pesava l'elefant?

Q Pàgina 65

W Dictats matemàtics

Qui és qui

Parella contra parella
Formeu grups de dues parelles que s'enfrontaran entre elles.

37 Mitjançant preguntes que tinguin com a resposta sí o no, heu de deduir el cos que l'altra parella ha triat.

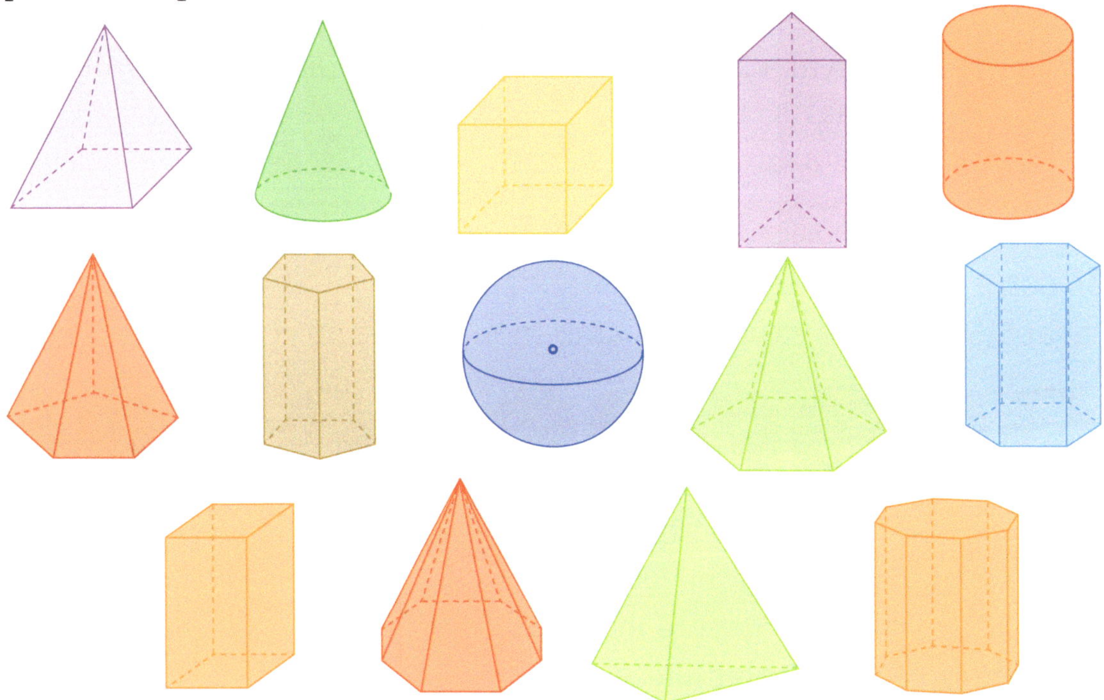

38 Seguiu aquests passos per fer l'activitat:

1r. Cada parella tria un dels cossos, mentre que l'altra parella l'ha d'endevinar fent preguntes que es responen amb sí o no: *És un poliedre?*, *Té 5 cares?*, *Totes les cares estan formades per triangles?*... Guanya la parella que amb menys preguntes determina el cos.

2n. Feu diverses rondes, per exemple 8.

39 Avalueu-vos:

Heu sabut trobar una estratègia per plantejar les preguntes de manera eficaç?

Q Pàgina 66

CÀLCUL MENTAL

Completem centenes

A 39 li falta 61 per arribar a 100:

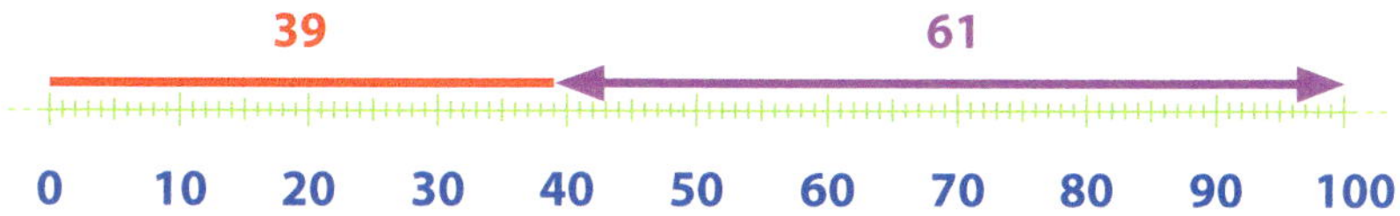

40 Indiqueu les parelles que fan 100:

- 70-30
- 25-75
- 45-65
- 19-81
- 60-30
- 18-88
- 37-63
- 38-52
- 80-10
- 18-82
- 45-65
- 26-64
- 35-65
- 27-83
- 37-73
- 73-27

41 Completeu. La suma dels nombres de la base és igual al nombre superior.

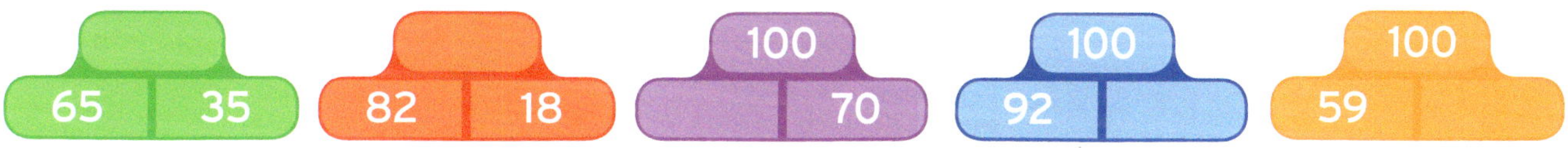

42 Situeu cada nombre a la recta i indiqueu quant li falta per arribar a 100:

65 • 40 • 27 • 84 • 33 • 8 • 46 • 89

43 Quant li falta a cada nombre per arribar a la centena següent?

150 • 350 • 125 • 275 • 583 • 574 • 681 • 457 • 668 • 170

44 Indiqueu en cada cas quin canvi ens tornaran si paguem amb 1 €:

W El joc del càlcul

Policubs

En aquesta pàgina web podreu jugar a construir policubs.

www.e-cruilla.cat/policubs

45 Heu de transformar el policub segons el plànol donat per plantes:

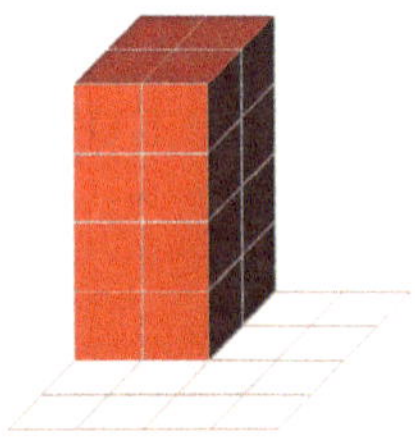

Policub donat

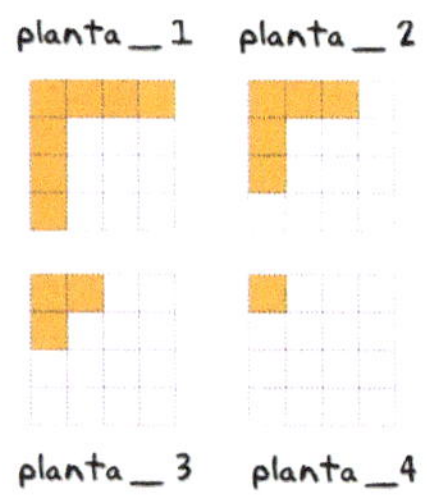

Plànol

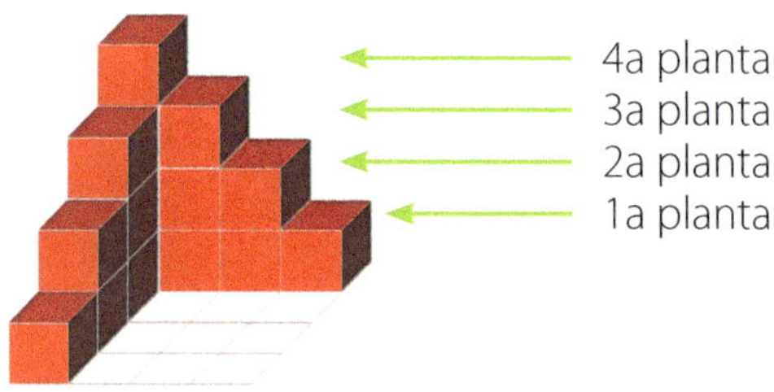

Policub transformat

46 Construïu un policub a partir de cada plànol:

A

Planta 1 **Planta 2** **Planta 3**

B

Planta 1 **Planta 2** **Planta 3** **Planta 4**

47 Determineu per a cada policub el plànol de les diferents plantes:

A

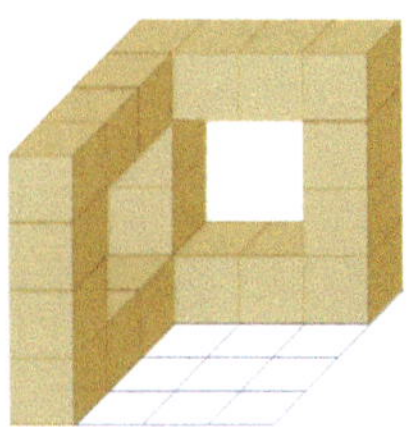

B

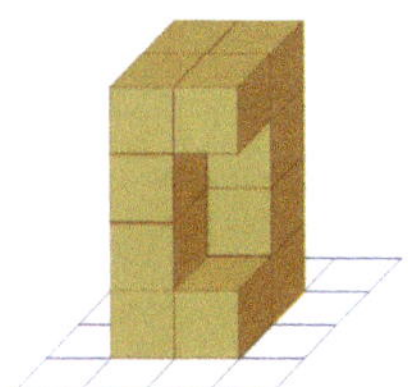

C

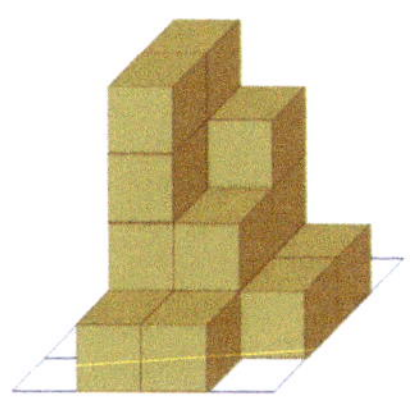

D

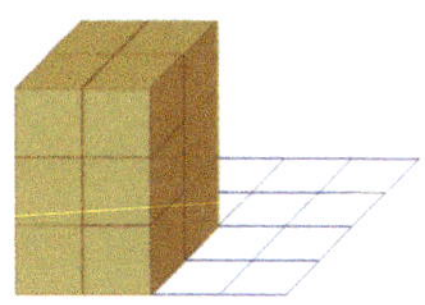

Zona clic

HE APRÈS

1 Indica quina forma geomètrica tenen aquests cossos:

A 

B 

C 

D 

E 

F 

2 Amb quin o quins dibuixos pots construir un cub?

A 

B

C 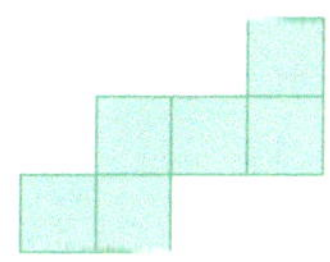

D 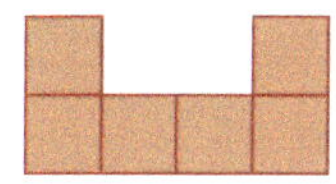

3 Dibuixa de dues maneres diferents el desenvolupament pla d'una piràmide quadrangular.

4 Quines són les semblances i les diferències entre una piràmide i un con?

5 Quin cos rodola descrivint un cercle?

6 Quants cubs es necessiten per fer cada cos?

A 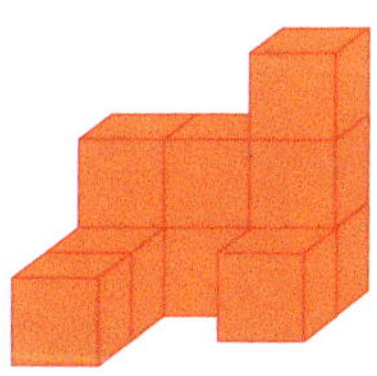

B 

C 

D 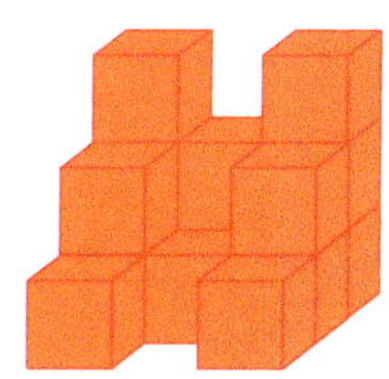

7 Indica en cada cas quin nombre té més probabilitat de sortir:

A 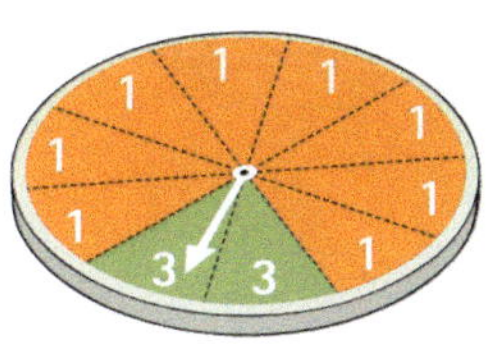

B 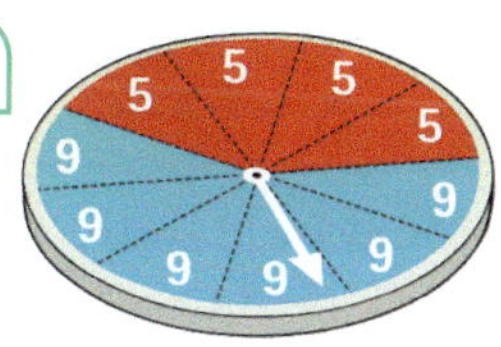

C 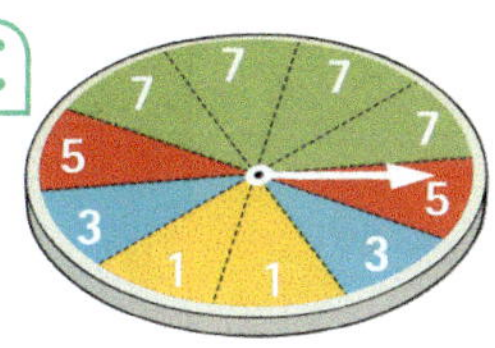

D 

W Autoavaluació

9 PES I CAPACITAT

Mesures de pes i capacitat. Canvis d'unitats. Transformacions en el pla

Viatge virtual

QUÈ EN SABEM

1 Un contenidor de transport marítim té una capacitat d'uns 40.000 litres i pesa 2.000 kg.

a) Feu una proposta del que hi podríeu posar.

b) Quants contenidors creieu que transporta el vaixell de la fotografia? Feu una estimació.

2 Amb quines unitats expressaríeu el pes i la capacitat d'aquests elements?

EXPLOREM

3 Quines fulles són simètriques? On traçaríeu l'eix de simetria?

- Quines creieu que són més boniques, les que tenen simetria o les que no? Raoneu la resposta.

1. EL GRAM, EL QUILOGRAM I LA TONA

Per saber el pes d'un objecte, fem servir la balança.

Pes en grams de la poma.

Les unitats de pes més usuals són el gram (g), el quilogram (kg) i la tona (t).

1 g

1 L d'aigua pesa 1 kg.

1 kg = 1.000 g

Els cotxes mitjans pesen aproximadament 1 t.

1 t = 1.000 kg

1 kg = 1.000 g →	1 g = 0,001 kg
1 t = 1.000 kg →	1 kg = 0,001 t

4 Ordeneu de més lleuger a més pesant:

bicicleta • paperera • cadira • camió • tisores • cotxe • sofà

5 Expresseu aquestes quantitats en quilograms:

- 3 t = ... kg
- 8.000 g = ... kg
- 0,45 t = ... kg
- 50.000 g = ... kg

6 Amb quina unitat expressaríeu el pes d'aquests animals: g, kg o t?

A

B

C

D

2. SUBMÚLTIPLES DEL GRAM

Per mesurar quantitats de pes molt petites fem servir el mil·ligram (mg), que és la mil·lèsima part d'un gram. També fem servir el decigram (dg) i el centigram (cg).

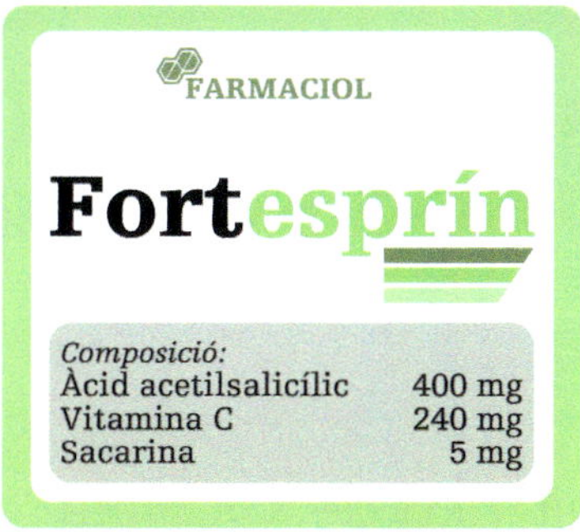

1 gram = 10 decigrams → 1 decigram = 0,1 grams

1 gram = 100 centigrams → 1 centigram = 0,01 grams

1 gram = 1.000 mil·ligrams → 1 mil·ligram = 0,001 grams

7 Què creieu que pesa menys d'un gram?

A  B  C  D 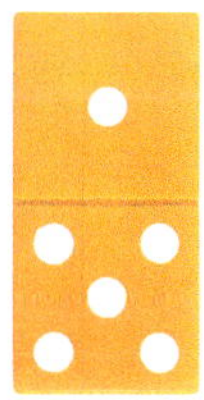 E 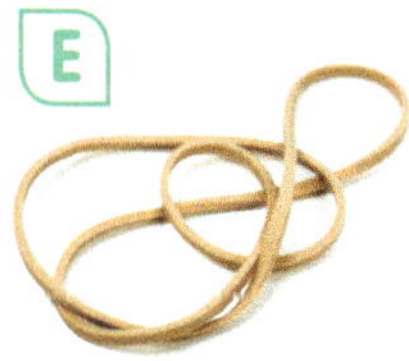 F 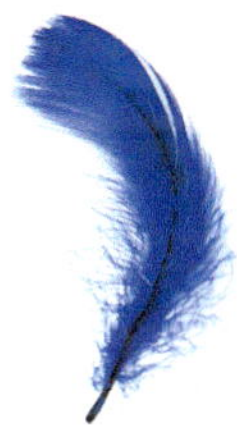

8 Estimeu el pes d'aquests objectes. Després peseu-ne de similars.

A  B 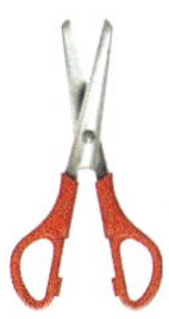 C 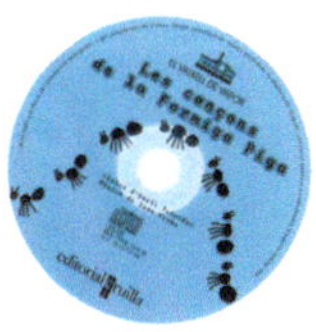 D  E 

F 

9 Quants grams són?

2 kg • 350 mg • 9,45 kg • 0,07 kg • 82 mg

10 En 1 L d'aigua Fontanol, quants mil·ligrams de mineral hi ha? I en 1.000 L, quants grams hi ha?

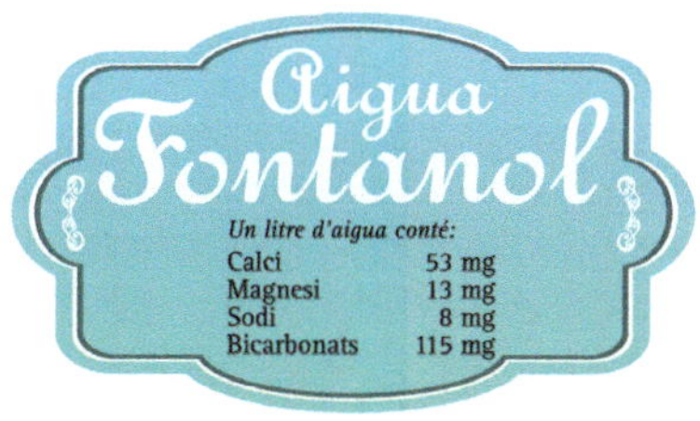

Q Pàgina 67

3. EXPRESSIÓ DEL PES: FRACCIONS I DECIMALS

- Expressem el pes en forma fraccionària

Tenim rajoles d'un quart de quilo. En necessitem 4 per tenir 1 kg de xocolata.

$$\frac{1}{4} + \frac{1}{4} + \frac{1}{4} + \frac{1}{4} = 1 \text{ kg}$$

- Expressem el pes en forma decimal

Tenim rajoles de 0,2 kg. En necessitem 5 per tenir 1 kg de xocolata.

$$5 \times 0{,}2 \text{ kg} = 1 \text{ kg}$$

- Expressem el pes en forma entera

Tenim rajoles de 125 g. En necessitem 8 per tenir 1 kg de xocolata.

$$8 \times 125 \text{ g} = 1.000 \text{ g} = 1 \text{ kg}$$

11 Completeu amb les expressions de pes i les fraccions d'unitat corresponents:

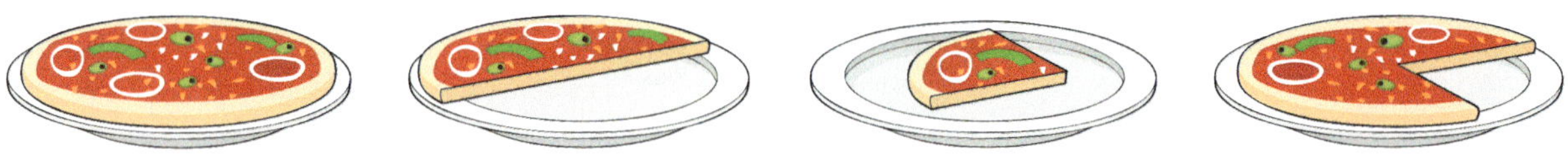

400 g			300 g
0,4 kg		0,1 kg	
	1/2 pizza		

12 Quants paquets de 125 g de fideus necessitem per tenir-ne mig quilo?

Q Pàgines 68 i 69

W Dictats matemàtics

4. EL LITRE I ELS MÚLTIPLES DEL LITRE

La unitat fonamental de capacitat és el litre (L). Els seus múltiples més usuals són el decalitre (daL), l'hectolitre (hL) i el quilolitre (kL).

1 L

1.000 L = 1 kL

200 L = 2 hL

1 decalitre = 10 litres	→	1 litre = 0,1 decalitres
1 hectolitre = 100 litres	→	1 litre = 0,01 hectolitres
1 quilolitre = 1.000 litres	→	1 litre = 0,001 quilolitres

13 Quants litres són?

- 20 kL de vi
- 1 daL d'oli
- 13,9 daL de gasolina
- 30 hL de llet

14 Relacioneu:

A

2.500 L •	• 2,5 hL
250 L •	• 0,25 hL
25.000 L •	• 25 hL
25 L •	• 250 hL

B

15.000 L •	• 1,5 daL
150 L •	• 1,5 kL
1.500 L •	• 1,5 hL
15 L •	• 15 kL

15 Calculeu el consum que feu mensualment a casa vostra d'aquests líquids. Expresseu les quantitats en litres.

- Aigua
- Oli
- Llet
- Vinagre

5. SUBMÚLTIPLES DEL LITRE

Els submúltiples més habituals del litre són el **centilitre** (**cL**) i el **mil·lilitre** (**mL**). Un altre submúltiple és el **decilitre** (**dL**).

Capacitat d'una cullereta (5 mL).

Capacitat d'una cullera (15 mL).

1 litre = 10 decilitres	→	1 decilitre = 0,1 litres
1 litre = 100 centilitres	→	1 centilitre = 0,01 litres1
1 litre = 1.000 mil·lilitres	→	1 mil·lilitre = 0,001 litres

16 Tenim una ampolla de 2 L de taronjada. Hem omplert sis gots de 200 mL. Quanta taronjada ens queda a l'ampolla?

17 Construïu un cub d'1 cm d'aresta. La capacitat d'aquest cub correspon a 1 mL.

18 D'1 mL de col·liri obtenim 15 gotes per als ulls. El flascó de col·liri conté 10 mL, i cada dia ens hem de posar 10 gotes. Quants dies ens durarà?

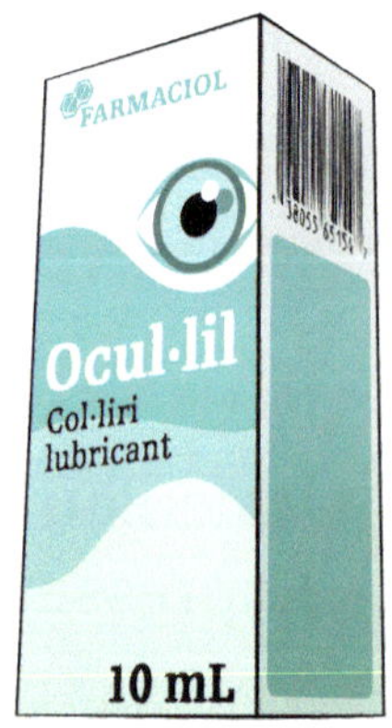

6. FORMES D'EXPRESSAR LA CAPACITAT

Per expressar capacitats, podem utilitzar fraccions i decimals.

$\frac{1}{4}$ L = 0,25 L = 250 mL

0,2 L = $\frac{1}{5}$ L = 200 mL

19 Completeu les equivalències seguint l'exemple:

1 litre = 10 dL = 100 cL = 1.000 mL

- $\frac{1}{4}$ de litre = ... dL = ... cL = ... mL
- .... de litre = ... dL = 75 cL = ... mL
- .... litre = ... dL = ... cL = 500 mL

20 Determineu en cada cas la quantitat:

A 

3 brics

B 

15 terrines

C 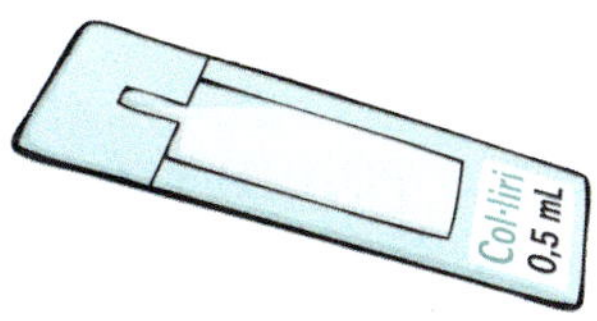

20 dosis

D 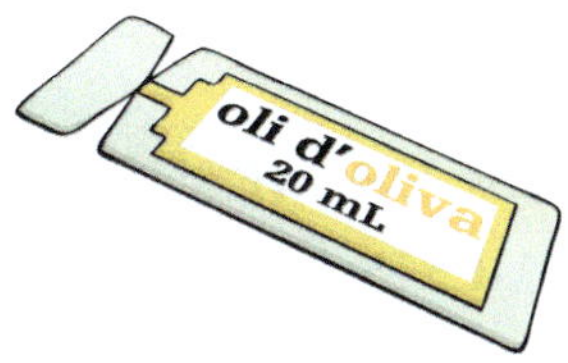

25 dosis

W Dictats matemàtics

7. CANVI D'UNITATS

Per comparar mesures, les hem d'expressar en la mateixa unitat.

Quilos i grams

1 kg **2 × 500 g = 1.000 g**

500 g

Per passar de quilos a grams multipliquem per 1.000:

× 1.000

kg → **g**

1 kg = 1.000 g

Per passar de grams a quilos dividim per 1.000:

: 1.000

g → **kg**

1.000 g = 1 kg

Litres i mil·lilitres

1 L **5 × 200 mL = 1.000 mL**

200 mL

Per passar de litres a mil·lilitres multipliquem per 1.000:

× 1.000

L → **mL**

1 L = 1.000 mL

Per passar de mil·lilitres a litres dividim per 1.000:

: 1.000

mL → **L**

1.000 mL = 1 L

21 Quin format de suc us sembla que produeix menys deixalles, 1 bric d'1 L o 5 brics de 200 mL? Comproveu-ho amb unes balances.

22 Per fer una festa amb 7 amics volem comprar refresc de taronja. Quin d'aquests formats és més recomanable?

200 mL • 1 L • 1,5 L • 2.000 mL

Q Pàgina 70

8. SIMETRIES

La fulla, la flor i la papallona són cossos simètrics. Si "pleguem" la imatge per la línia vermella, les dues parts coincideixen. La línia vermella és l'**eix de simetria**.

Vegem com podem fer la figura simètrica d'un cos:

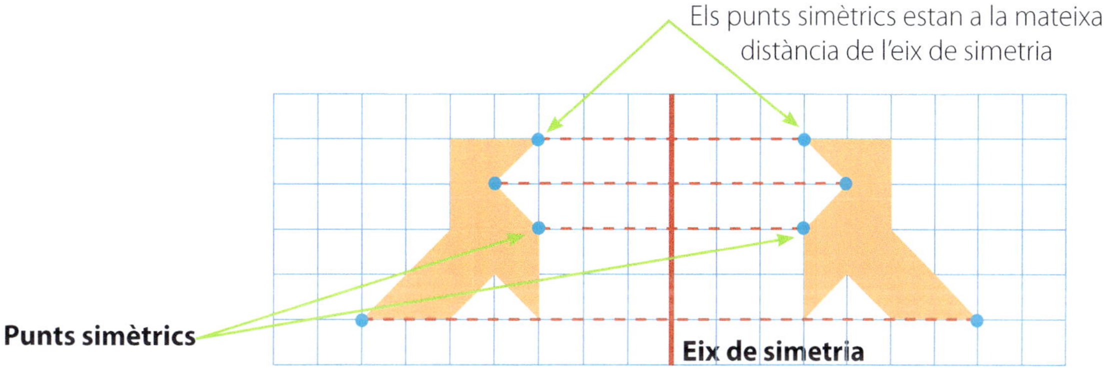

23 Quina és la figura simètrica en cada cas?

A

B

24 Dibuixeu les lletres majúscules de l'alfabet. Classifiqueu-les segons si tenen un, dos o cap eix de simetria.

25 Les imatges que s'obtenen en un mirall o en una superfície reflectant, com són: iguals o simètriques?

Q Pàgina 71

9. TRANSLACIONS

La catifa està formada per un element que es repeteix.

Traslladant successivament l'element, obtenim la catifa.

Podem indicar una translació amb fletxes:

2 ↑ , 4 ←

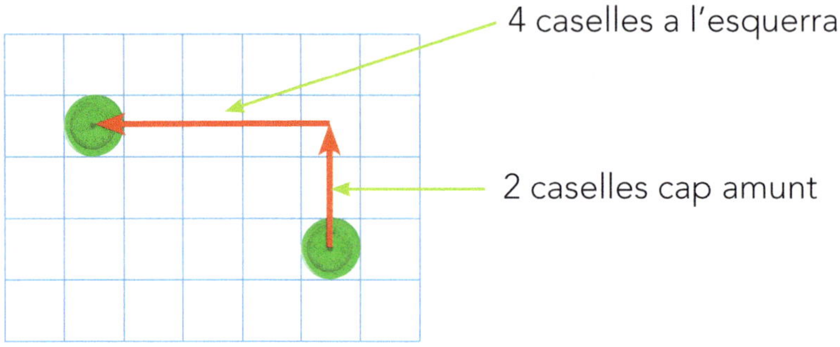

26 Quines figures s'han obtingut per translació i quines per simetria?

27 Traslladeu successivament cada figura segons les indicacions:

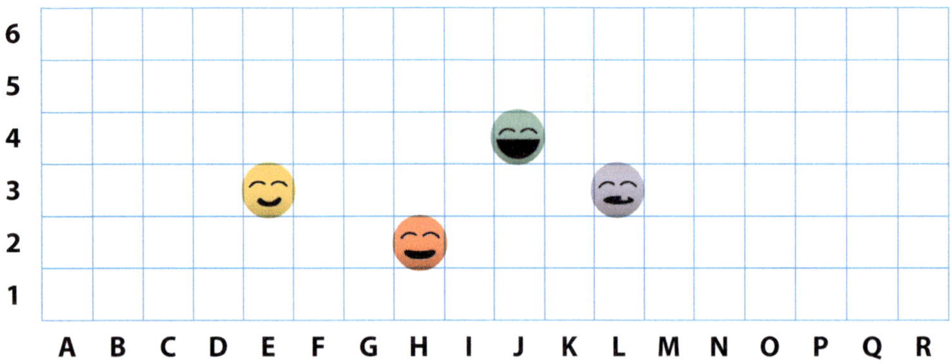

1r. 2 ↑ , 4 ←

2n. 1 ↓ , 5 →

3r. 2 → , 2 ↑

- Indiqueu la posició final de cada figura.

W Dictats matemàtics

10. GIRS

Amb centre al punt blau, hem girat el guant successivament 120°.

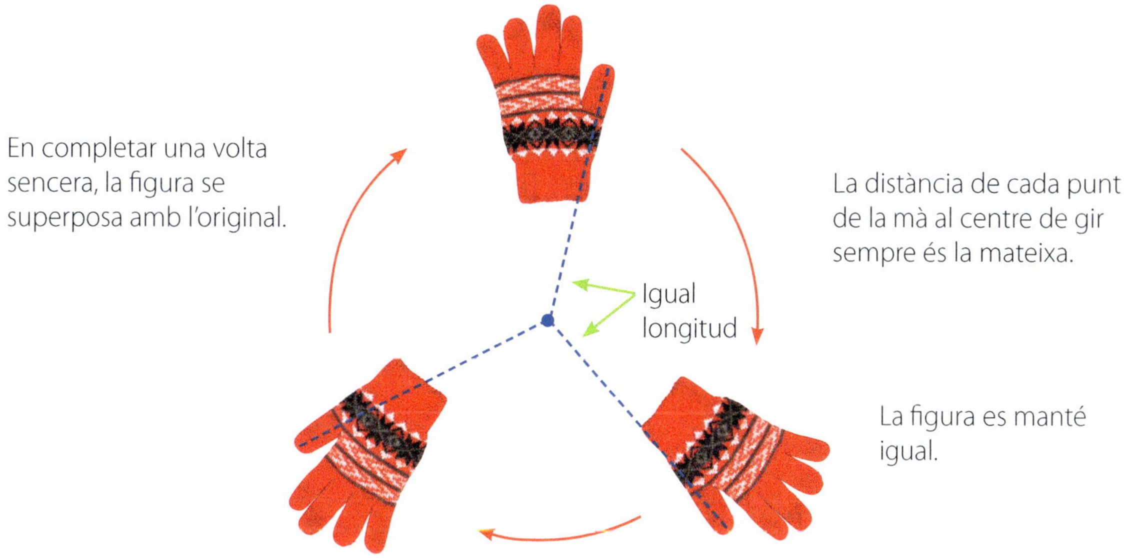

28 Dibuixeu una figura no simètrica i retalleu-la.

- Resseguiu-la en un full.
- Apliqueu-hi un gir de 90° i torneu-la a resseguir.
- Feu el mateix amb un gir de 180°.

29 Indiqueu en cada cas quin gir ha fet la busca dels minuts. Quina hora serà quan repeteixi el mateix gir?

A 

B 

30 Dibuixeu aquests elements. Gireu-los un quart de volta i mitja volta.

A 

B 

C 

D 

Q Pàgina 72

TALLER DE PROBLEMES

ENUNCIAT: Plantegem preguntes a partir d'un gràfic

En un climograma les barres indiquen la pluja i la línia la temperatura mitjana de cada mes. Plantegeu cinc preguntes que es responguin amb la informació del climograma.

Temes sobre els quals podem preguntar:
- Mesos més freds, més plujosos...
- Comparació entre mesos.
- Càlcul de mitjanes...

Algunes preguntes poden ser:

a) Quin mes ha estat el més plujós de l'any?
b) Quanta aigua ha caigut?
c) En quin mes ha plogut menys?
d) Quin mes ha tingut la temperatura més alta?
e) Quina ha estat la mitjana de temperatura anual?

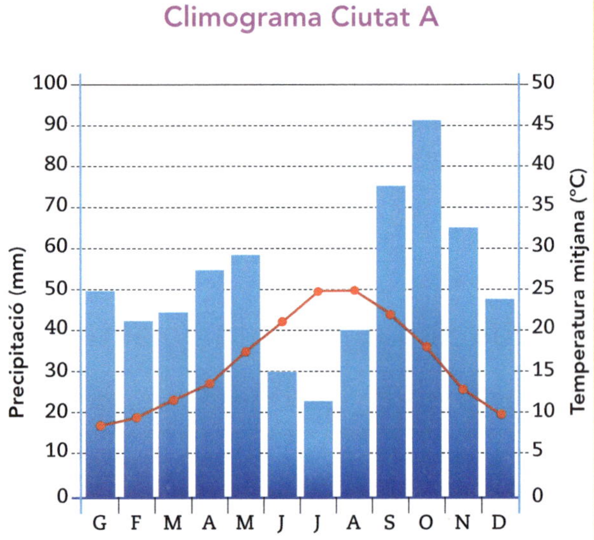

31 Observeu aquest climograma:

a) Plantegeu cinc preguntes a partir d'aquest climograma i contesteu-les.
b) Plantegeu tres perguntes que relacionin els dos climogrames.
c) Un climograma és d'una ciutat mediterrània, i l'altre d'una ciutat del nord d'Europa. A quina ciutat correspon cada climograma?
d) Busqueu un climograma de la vostra localitat i plantegeu tres preguntes.

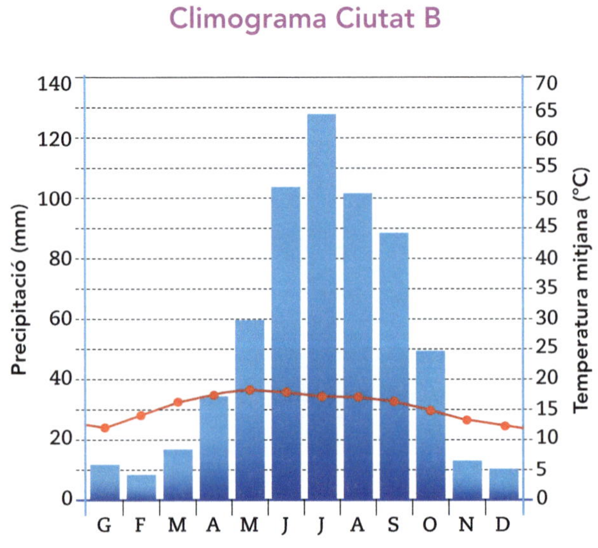

RESOLUCIÓ: Problemes amb més d'una solució

Per a una festa s'ha comprat el pa següent. S'ha consumit 8 kg i tres quarts de pa. Quins pans poden haver quedat?

- **5 pans de pagès de quilo.**
- **6 barres de mig quilo.**
- **8 barres d'un quart de quilo.**

En primer lloc calculem el pa que s'ha comprat:

$$5 + 6 \times \frac{1}{2} + 8 \times \frac{1}{4} = 5 + 3 + 2 = 10 \text{ kg}$$

El pa que s'ha consumit és:

$$8 \text{ kg i } \frac{3}{4} = 8{,}75 \text{ kg}$$

Calculem el que sobra i com obtenir-ho.

$$10 - 8{,}75 = 1{,}25 \text{ kg}$$

1 pa de quilo 1 barra de quart	2 barres de mig 1 barra de quart	1 barra de mig 3 barres de quart	5 barres de quart

32 Per a un dinar de 45 comensals, calculem un consum per persona de mig litre d'aigua i un quart de litre de refresc. A la botiga hi trobem:

– Aigua: garrafes de 8 L i de 5 L, i ampolles d'1,5 L i de 2 L.

– Refresc: ampolles de 2 L i d'1,5 L, i llaunes de 330 mL.

Feu dues propostes de compra. Quina triaríeu. Per què?

33 Resoleu aplicant les vostres destreses:

En un súper, un paquet de 6 brics d'1 L i mig d'aigua val 4 euros i mig, i una garrafa d'aigua de 10 L val 4 €. En quina opció surt més barat el litre d'aigua?

Q Pàgina 73 W Dictats matemàtics

Camins

2 - 4

Formeu grups de dues parelles. Determineu els resultats per parelles i poseu-los en comú en grup.

En Josep i la Fàtima són a Nova York. Volen anar de Times Square a la Catedral de Saint Patrick (avinguda Madison).

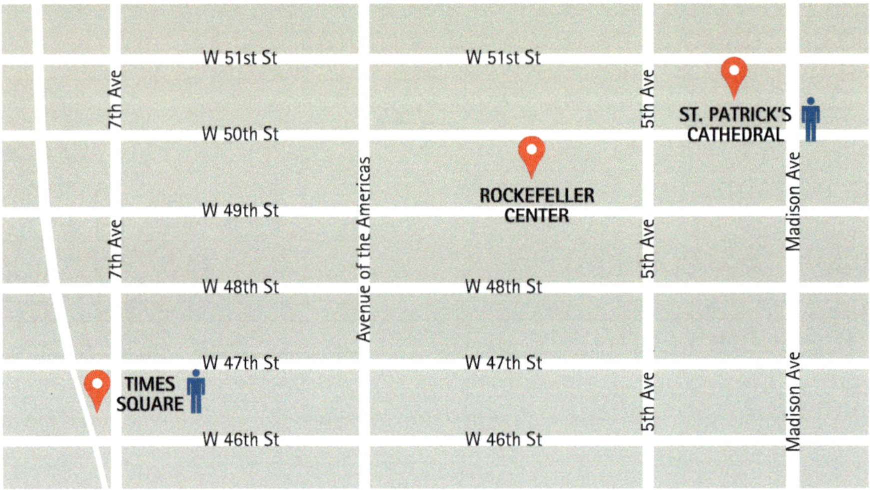

34 Seguiu aquests passos:

1r. Individualment, calculeu el nombre de camins diferents que poden agafar en Josep i la Fàtima. No es pot recular. En una quadrícula de 2 x 2, tindríem:

2n. Poseu en comú els resultats.

35 Avalueu-vos:

Heu trobat una estratègia per recomptar els itineraris? Us ha funcionat?

Q Pàgina 74

Dividim per 10, 100 i 1.000

Dividim per 10

Els milers passen a centenes.

3.500 : 10 = 350

Les centenes passen a desenes.

Dividim per 100

Els milers passen a desenes.

3.500 : 100 = 35

Les centenes passen a unitats.

Dividim per 1.000

Els milers passen a unitats.

3.500 : 1000 = 3,5

Les centenes passen a dècimes.

36 Calculeu:

- 7.900 : 100
- 3.000 : 100
- 18 : 10
- 5.600 : 1.000
- 630 : 100
- 9.000 : 10
- 4.000 : 10
- 200 : 10
- 760 : 10
- 42 : 100
- 2.400 : 10
- 32.000 : 100
- 560 : 10
- 8.000 : 100
- 4.890 : 100
- 8.030 : 100
- 480 : 1.000
- 890 : 1.000
- 50.900 : 100
- 45.000 : 1.000
- 68 : 100
- 4.030 : 1.000
- 41 : 10
- 600 : 100

37 Quants hectolitres són?

38 Expresseu les distàncies de les proves atlètiques en quilòmetres.

VELOCITAT	MIG FONS	FONS	TANQUES	OBSTACLES
100 m	800 m	10.000 m	100 m	3.000 m
200 m	1.500 m	42.195 m	110 m	
400 m	5.000 m		400 m	

W El joc del càlcul

Zona Clic

Català | **Matemàtiques** | Ciències | Música | Castellà

Canvi d'unitats

En aquesta pàgina web trobareu activitats de canvi d'unitats de longitud, pes i capacitat:

www.e-cruilla.cat/canvidunitats

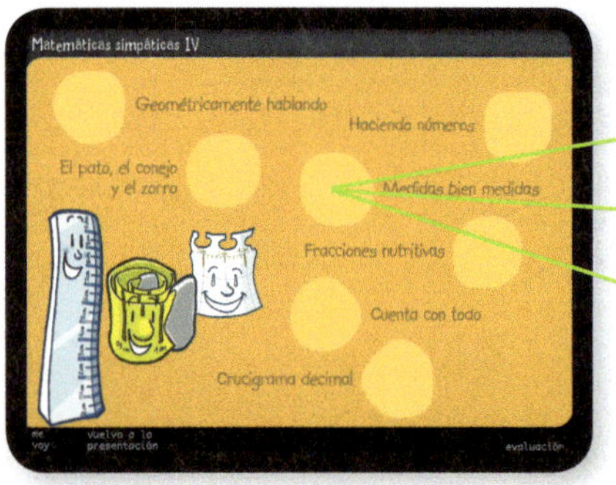

Longitud (Molt fàcil)

Pes (Menys fàcil)

Capacitat (Dificilíssim)

39 Practiqueu amb el pes. Quants quarts de quilo són cada quantitat?

A 

B 

C 

D 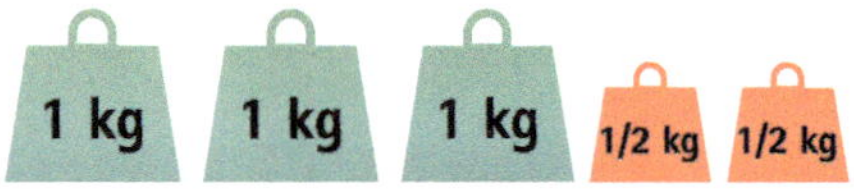

40 Practiqueu amb la capacitat. Quants mitjos litres són cada quantitat?

A 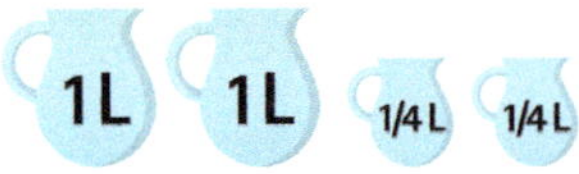

B 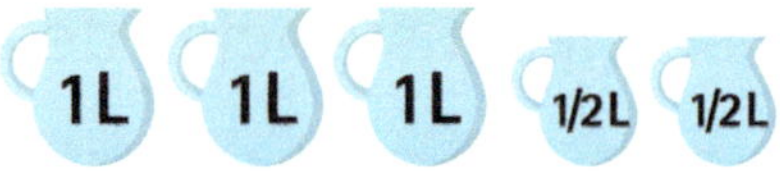

C 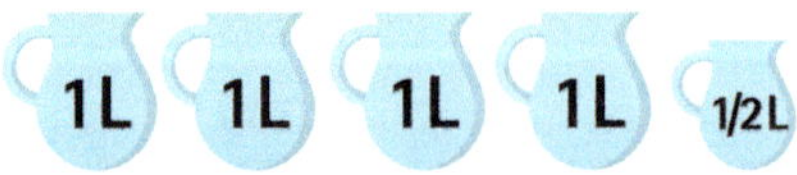

D 

41 Plantegeu una avaluació de 10 preguntes en què es reculli tot el que heu treballat al curs.

W Zona clic

HE APRÈS

1 Estima el pes de cadascú.

2 Completa les equivalències:

- 250 g = ... kg
- 3,5 t = ... kg
- 400 mg = ... g
- 3.000 g = ... kg
- 500 L = ... hL
- 250 mL = ... cL
- 5 kL = ... L
- 0,5 L = ... mL

3 Relaciona els grups que contenen la mateixa quantitat:

4 Escull la unitat apropiada:

- Capacitat d'un suc individual.
- Pes d'una moto.
- Capacitat d'una piscina.
- Pes de l'ala d'una papallona.
- Pes d'un portaavions.
- Pes d'un pardal.

5 Digues si hi ha hagut una translació, un gir o una simetria:

Autoavaluació

CURSES

Jugant podem entendre la probabilitat.

Què necessiteu

- Fulls DIN A3.
- Retoladors i llapis.
- Regle i escaire.
- Fitxes de colors.
- Dos daus de 6 cares i un gobelet.

Com ho farem

1r Heu de fer aquestes tres pistes, cada una en un full DIN A3:

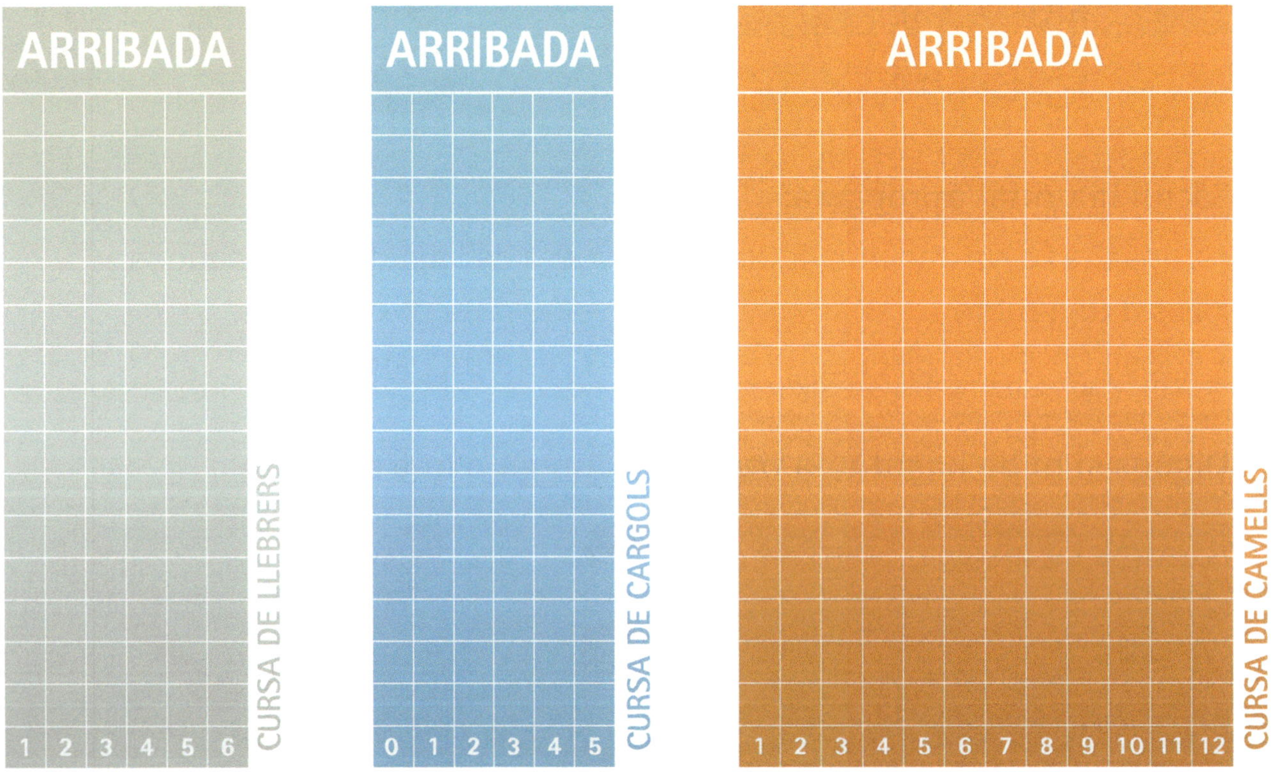

2n Aquestes són les regles dels tres jocs:

REGLES

Objectiu: Arribar el primer a la casella d'arribada.

Desenvolupament: A cada jugador li correspon el número d'un animal. Avança cada vegada que el resultat d'una tirada de daus correspongui al seu número.

Mecànica:

Cursa de llebrers	Cursa de cargols	Cursa de camells
1 dau	2 daus	2 daus
Es llança el dau. Avança una casella el llebrer que té el número que ha sortit.	Es llancen els dos daus, i del valor gran se'n resta el petit. El cargol amb el número de la diferència avança una casella.	Es llancen els dos daus i se sumen els resultats. El camell amb el número de la suma avança una casella.

En cada joc hi han de jugar tants jugadors com números hi ha.

Feu diverses partides de cada joc. Apunteu en cada cas el dorsal guanyador.

3r Després de jugar, traieu conclusions.

Cursa de llebrers

a) Tots els llebrers tenen la mateixa probabilitat de guanyar?

Cursa de cargols

b) A tots els cargols els és igual de fàcil guanyar?

c) Quin cargol ho té més bé per guanyar?

Cursa de camells

d) Hi ha camells que no guanyen mai?

e) Quin camell ho té més bé per guanyar?

PROGRAMACIÓ

	Unitat 1	Unitat 2	Unitat 3	Unitat 4	Unitat 5
Numeració i càlcul	El sistema de numeració Els milions Composició i descomposició de nombres L'arrodoniment La suma i les seves propietats La resta	La multiplicació com a suma de termes iguals Representació gràfica de productes Propietats de la multiplicació. La propietat distributiva Les taules de multiplicar Descomposició en factors Multiplicació per nombres de dues i tres xifres Multiplicació per la unitat seguida de zeros		La divisió. Concepte. Termes de la divisió Relació entre divisió i multiplicació Divisions exactes i no exactes Divisions per nombres d'una i dues xifres Divisió per defecte i per excés Divisió per la unitat seguida de zeros	Les fraccions. Concepte. La fracció com a part de la unitat i com a part d'una quantitat. Termes Meitats i quarts. Meitats, terços i sisens Ordenació de fraccions Fraccions equivalents Sumes i restes de fraccions d'igual denominador Fraccions decimals
Mesura					
Espai i forma			Rectes, semirectes, segments i punts Regió i frontera Angles. Tipus Polígons. Polígons regulars i irregulars Triangles i quadrilàters Perímetre i àrea La circumferència i el cercle El plànol. Coordenades d'una casella		
Estadística i atzar	Construcció de diagrames de barres La freqüència i la moda			La mitjana aritmètica. Càlcul	
Relacions i canvi	Permutació de tres elements	Preguntes dicotòmiques		Realització de càlculs amb la calculadora aplicant determinats requisits	Avaluació de la millor opció
Càlcul mental	Suma i resta de desenes i centenes completes	Suma i resta de 9 i 11	Suma i resta de centenes completes	Multiplicació aplicant la descomposició d'un factor	Multiplicació per 100 i per 1.000
Resolució de problemes	Situacions i preguntes matemàtiques Pautes per resoldre problemes	Plantejament de preguntes a partir d'una situació Resposta de preguntes sobre una situació	Identificació de la informació no necessària Resolució de problemes utilitzant l'estratègia de fer representacions geomètriques	Compleció d'un enunciat Resolució d'un problema pensant-ne un de més senzill	Recerca d'informació en una taula Resposta de preguntes sobre una situació
Espai cooperatiu	Tècnica cooperativa intercanvi de parelles: càlcul de permutacions d'elements	Tècnica cooperativa parelles recíproques: identificació d'elements a partir de preguntes dicotòmiques	Tècnica cooperativa de les parelles contra parelles: construcció de triangles al geoplà donades unes condicions	Tècnica cooperativa de parelles contra parelles: la calculadora espatllada	Tècnica cooperativa de 2-4: Recerca de la millor opció per efectuar un trasllat de llibres
Zona clic	Ús de les TIC: webquest	Ús de les TIC: realització de productes mitjançant una aplicació	Ús de les TIC: mesura de superfícies mitjançant una aplicació	Ús de les TIC: joc dels vaixells mitjançant una aplicació	Ús de les TIC: treball de les fraccions mitjançant una aplicació
Projecte trimestral			Les xifres romanes		

PROGRAMACIÓ

Unitat 6	Unitat 7	Unitat 8	Unitat 9	
Els nombres decimals. Part entera i part decimal Fraccions decimals i nombres decimals Dècimes i centèsimes L'ús dels decimals Arrodoniment de decimals Suma, resta i multiplicació de decimals Multiplicació per la unitat seguida de zeros				Numeració i càlcul
	La longitud. Unitats Mesura amb unitats diferents Expressió de mesures amb decimals El calendari. Els mesos i l'any Unitats de temps: hores, minuts i segons Lectura de l'hora Línies del temps		Mesura del pes Unitats de pes: el quilo, el gram i la tona. Múltiples i submúltiples del gram Expressió del pes: fraccions i decimals Mesura de la capacitat El litre. Múltiples i submúltiples Canvi d'unitats	Mesura
		Poliedres i cossos rodons Els prismes. Els ortoedres i el cub Les piràmides El cilindre, el con i l'esfera	Transformacions geomètriques: simetries, translacions i girs	Espai i forma
		L'atzar. Experiments aleatoris Tipus d'esdeveniments: possibles, impossibles i segurs Probabilitat. Grau		Estadística i atzar
Identificació de diferents opcions de tornar canvi a partir de determinades restriccions	Desxiframent d'enigmes	Identificació de cossos geomètrics mitjançant pistes	Càlcul dels camins diferents que es poden fer per una quadrícula	Relacions i canvi
Multiplicació de nombres acabats en un o més zeros	Realització de restes descomponent els termes	Compleció de centenes	Divisió per la unitat seguida de zeros	Càlcul mental
Ordenació de les parts d'un enunciat Construcció de sèries	Redacció de problemes a partir d'una taula Unificació de les unitats de mesura que apareixen en un enunciat	Redacció de problemes a partir d'una taula horària Resolució d'un problema mitjançant la seva representació gràfica	Planteig de preguntes a partir d'un gràfic Resolució de problemes amb més d'una solució	Resolució de problemes
Tècnica cooperativa del treball per parelles: pagament d'un producte mitjançant monedes de cèntims	Tècnica cooperativa de 2-4: desxiframent i plantejament d'enigmes	Tècnica cooperativa de parella contra parella: identificació de cossos rodons	Tècnica cooperativa de 2-4: càlcul de camins per una quadrícula	Espai cooperatiu
Ús de les TIC: treball de la representació geomètrica dels nombres decimals mitjançant una aplicació	Ús de les TIC: lectura de l'hora utilitzant una aplicació	Ús de les TIC: construcció de policubs a partir de la seva representació plana	Ús de les TIC: realització de canvi d'unitats a partir d'una aplicació	Zona clic
Realització de simetries			Realització de jocs d'atzar i reflexió sobre el comportament dels daus	Projecte trimestral

Direcció del projecte: Oriol Magrinyà
Coordinació del projecte: Montserrat Nicolau
Coordinació tècnica i de disseny: Josep Rosell, Antonio Fabregues
Edició: Albert Fontich

Assessorament pedagògic: Elvira Figueras Latorre
Autoria: Beatriu Cruset Ballart, Francesc Xavier Fernández Berges

Il·lustració: Jordi Sunyer Monfort
Il·lustració de la coberta: Anna Llenas
Disseny de la coberta: Anna Llenas
Disseny d'interiors i pictogrames: Teresa Omedes

Col·laboracions:
Per a la correcció: Esther Lluís, Chantal Rabat
Per a l'edició gràfica: Meritxell Marca, Verónica Matilla
Per a la il·lustració: Daniel Deamo
Per a la maquetació: Tractament i ajuda gràfica
Per a la fotografia: Sonsoles Prada, Javier Calbet, Fidel Puerta, Juan Baraja, Almudena Esteban, Montse Fontich, Sergio Cuesta, María Pía Hidalgo/Arxiu Cruïlla; Olimpia Torres; Andrea Leone/Dreamstime; PHOTODISC; THINKSTOCK; Ablestock; 123RF; SHUTTERSTOCK; Amanda Rohde/iStock; GETTY IMAGES; AGE FOTOSTOCK; STOCKBYTE

Amb l'objectiu de garantir l'adequació dels continguts de les adreces electròniques que conté aquest llibre, Editorial Cruïlla ha creat un sistema de gestió i de control que, davant de possibles canvis en els webs detectats per l'editorial o els usuaris del llibre, aquestes es puguin redirigir convenientment. Tot i aquest sistema de control, és recomanable que el professorat comprovi amb anticipació les adreces relacionades i que comuniqui a l'editorial qualsevol incidència a través del correu electrònic contacte@cruilla.cat.

Edició corregida

ISBN: 978-84-661-3806-2
Dipòsit legal: B-3179-2015
Imprès a la UE / *Printed in EU*